我在法國做圖畫書

葉俊良 著

目錄

第六章　偶然留指爪

第七章　鴻飛那復計東西

序一
人生道路的開展與選擇

對家人來說，排行第六的老么葉俊良，是住在法國的「小王子」。我們的父母年輕時，透過往返台南與高雄的茶商媒妁之言成婚。我出生的時候母親二十歲，是家裡的老大。我和父母共度的時光比俊良多了十餘年，也有機會看到他們如何和每個個性不同的孩子相處。老三和老四上國中時偶爾由父親用摩托車載著去上學，同學總是羨慕她們有一個年輕又盡責的爸爸。

我高中畢業時俊良才上小學。有一天，媽媽幫孩子們整理獎狀，最小的那一個忽然放聲大哭，問媽媽為什麼大姊的獎狀那麼多，他的那麼少。這一件好笑的事，俊良已不記得。求學過程中他的成績一直很優異。在他保送台大時我就明白他必然會出國，不再受縛於社會壓力，尋求自由發展的空間。俊良退伍前就學了法語，並透過電話聯絡法國的學校，處理住宿事宜。我們在一旁靜聽，在他掛上電話時忍不住拍手說太厲害了，因為我們一個字也沒聽懂。

俊良出國一年後，我請老四和老五陪爸爸媽媽去巴黎找他，並一起去鄰近的歐洲國家旅遊。做父母的，確定自己的孩子在世界的另一端認真地追求理想中的生活，總是比較放心。我想，俊良與父母獨特而且深刻的相處經歷也對他日後的童書出版工作帶來豐富的滋養，若干刻畫親子關係的故事，如許地山的《愛流汐漲》和余麗瓊的《團圓》法文版，都透過他的圖文編輯而觸動法國讀者的心。

我因著證券暨期貨市場發展基金會的海外學習活動，二度由英國及瑞士到法國探望俊良，他的住處從任一角度看去都是一幅畫，冷暖色系交替的牆面，觀景大窗前墊高的地板，讓人可以盡情眺望遠處的艾菲爾鐵塔。他安排的旅遊行程向來不落俗套，順暢的條理和即興的趣味很自然地融合在一起，諾曼第的海岸山丘與若干和法國毗鄰的國家都有我們的足跡。如今看來，這些異國行蹤倒像是人生路途的縮影：我們最在乎的可能不是風景本身，而是一路上有人陪伴、關心、鼓勵與支持的那一份溫情。

二〇〇〇年，我和小孩在市府前廣場參加跨年晚會，手中仍拿著巨額案件的投標簡報資料站在燈柱下改報告。那一刻我突然心裡很難過：我有服務大型證券公司的機會，但更優秀的俊良卻隻身留在法國，事業發展想必不容易。一轉眼，十九年過去了，鴻飛文化成立也已超過十年。俊良行事兼顧創新與務實，靠著其有所堅持的特性，開闊並豐富了他的出版版圖，近幾年在巴黎與上海陸續獲得兒童文學出版界的獎項肯定，令家人十足欣慰並感到與有榮焉。

俊良在文理科學和建築設計專業長期紮下厚實根基，在出版領域自然有機會耕耘其特色鮮明的編輯思路。另外，基於對跨文化圖文創作過程的了解、與對讀者解讀空間的保留與尊重，他邀請法國插畫家傾聽華文作家的故事，透過插畫家的圖像語言，豐富了從漢語到法文的文義傳達。

　　俊良的文字創作〈小石子〉、蘇東坡的〈良農詩〉、杜甫的〈客至〉，乃至甫得獎的〈木蘭辭〉，都是令人驚豔的精緻表現。經由他的編譯，許地山的《再會》有了法文繪本版，故事裡蕭老太太和久別重逢的童年玩伴追憶小時候爭吃蚵餅的情景。原來每個人的人生由自己選擇，就好像夾了一塊蚵餅，裡面的蚵有幾個，吃了也不見得算得清楚。只要能歡歡喜喜地品嚐它的美味，又何必斤斤計較蚵是多是少？

　　二〇一四年七月，老二秀麗陪媽媽到俊良位於巴黎西南方的新住處，那是位於羅亞爾河畔昂布瓦茲小城、有前庭與後院的老房子，即使遠在他鄉也能重溫兒時在南臺灣有天有地的居家生活，給他帶來更多創作的底層價值啟發。因為俊良旅居法國二十多年，媽媽有機會和他遊歷歐洲好幾個國家；因為俊良創立了鴻飛東西文化出版事業，家人每年都能欣賞到更多似懂非懂的精緻法文童書繪本。凡事感恩，願親愛的 天父保守看顧俊良和家人平安喜樂，溫暖安慰彼此牽掛思念的心。

葉秀惠

台中銀證券（股）董事長

二〇一九年一月

序二

一位編輯的觀點與格局

一個土生土長的臺灣人去法國創辦童書出版社，建立起具有獨特風格的品牌，並獲得法國童書界最高榮譽的獎項，贏得法國創作者和讀者的敬重。我想，即使不是出版界的人，也會從這其中所有的曲折、艱難與挑戰，讀到一個很好看的人生故事。

對於童書界的出版人、編輯、創作者和讀者而言，應該更關注的焦點是，過去十年來，葉俊良以發行人、總編輯兼藝術指導的身份，親自做了六十幾本原創圖畫書。鴻飛出版社的規模雖小（只有兩個人），但出版品幾乎完全是原創；即使是少數（目前五本）翻譯版品，在版式、封面、裝幀方面，仍表現出鴻飛在圖畫書敘事美學上的重新思考，並不只是語言的轉換和校對而已。看過鴻飛的出版品之後，會讓我們對於所謂「原創」有更深刻的反思。

依一般習慣的說法，只要不是從外文翻譯過來的書，就稱為原創。但「原創」其實是有特定意義的，是指新的、有趣味的、不同於以往任何人的創造。（originality, the quality of being new, interesting, and different from anything that anyone has created.）目前市面上許多號稱原創的圖畫書卻毫無原創的精神，內容與表現形式充滿模仿與複製的痕跡，公式化的將常見的內容或視覺印象拼湊在一起，沒有文學技巧與美學思考，更談不上屬於一本書的觀點或特色。有些標榜「臺灣文化」的圖畫書，重複的將公眾已知的事實或網路資料，生硬的搬到書裡，過程有時亦耗時費力，但成果了無新意。這樣的書，既不啟發想像也不擴展視野，讀者看或不看、看這本或那本，其實無所謂。

葉俊良不做這樣的事。鴻飛的出版品不見得全都會受到所有讀者的喜愛，但是，幾乎可說每一本都有自己的特色——或是提供新的信息觀點、或是呈現獨特的美感經驗。誠如他在這本書裡說的，「如果我要做的事換另一個人去做也可以，那麼讓他來做就好了，」他要做的是「除了我之外沒有別人可以做到或做好的事。」如此犀利深刻的本質性思考成為出版方針，運用在每一本書的編輯思考上，自然形成追求原創品質的標準。

他為了瞭解臺灣圖畫書出版概況，曾向某家出版社表達想要認識該出版社的版品特色。他很驚訝那位編輯拿出來的全都是翻譯書。「這些不算你們自己的書，是別人的。」他直言不諱。沒錯，《野獸國》其實是美國Harper&Row出版社的，《猜猜我有多愛你》其實是英國Walker出版社的，《第一次上街買東西》其實是日本福音館的；從選題、編輯到製作，所有無中生有的想像、創意、眼光、判斷與選擇，全是別人辛勤耕耘的智慧成果，我們只是花錢買下這些書的（繁體）中文版權，將別人已經做好、已經出版的書換上中文包裝。雖然我們的圖畫書市看起來蓬勃興盛，但似乎百分之八十是翻譯書；可能義大利波隆納書展臺灣館裡的書，才真正反映臺灣圖畫書創作、編輯與出版的文化實力。

能夠自由的、無礙的看到世界各國的好書，是讀者的幸福。翻譯書長期以來的確滋養臺灣讀者的心靈與生命。然而，閱讀的質量並不會直接轉換成創作與編輯出版的能量。編輯必須是好讀者，但也絕不能只是好讀者。如果編輯的工作就是讀自己喜歡的好書，然後把自己喜歡的好書變成中文，這樣的過程或許可以培養閱讀的品味，但無法磨練出編輯的創意與想像力，以及與作家、畫家溝通和合作解決問題的能力。一個做了十年翻譯書的「資深」編輯，和一個做了十年原創書的編輯，本質上完全不一樣。

真正的編輯，要能看見一本還不存在的書，甚至在作者之前；真正的編輯，要比作者本人更清楚和珍惜作者的才華、功力與特色，並協助作者找出與讀者溝通的方式；圖畫書的編輯或藝術指導，除了具備文學素養與文字功夫之外，要對開本尺寸、版型、字體、紙張、畫面的敘事性、節奏與整體邏輯結構有成熟完整的想法，能將好的圖畫轉變成適當有效的畫面。關於這些實際編務的各種狀況，本書以鴻飛的出版品為例，做了具體的說明。

例如《海角樂園》，將個人的故事以文學細節的手法轉化成具有普遍意義的故事，使角色與故事涵意都與讀者產生了關連。《王羲之》擷取古典文化，但不是將過去的歷史在書裡再搬演一次，而是重新處理角色的人性內涵，使老故事有新生命，並讓讀者有更深入的體會。表面的寫實可能只是思想上的怠惰，並不等於忠實傳達原典的旨趣。

《你記得老魏嗎？》敘述一戰時被法國徵召的華工歷史。這是很具挑戰性的題材，藉由編輯的發想和選擇具有真實人生閱歷的創作者，合力完成一部動人的作品。《霧中龍》說明版式設計對於圖畫書的重要，以及裝幀、質感等因素對於解讀內容的影響。

第四章對於一般較少談論的藝術指導（或稱藝術總監）的工作職責有許多精闢的專業見解，特別是關於好作者與好繪者的條件，值得所有做圖畫書的人深思。《愛流汐漲》可見編輯慧眼識人的眼光與想像力，找到具特色的創作者，讓罕見的技法表現出適當的效果。創作者超越自我，出版品則有了獨特的靈魂。

《木蘭辭》是讓我最感震撼的作品，到現在仍記得約兩年前初看時起雞皮疙瘩的驚奇感受。它的視覺傳達手法完全超乎想像，但在故事的內在邏輯中一切合情合理；圖像語言清晰表達創作者的詮釋觀點，靈活運用文學的比喻和象徵。它保留了這首古典長篇敘事詩值得傳誦的文化意義，又表現出在二十一世紀出版它的時代精神和藝術特色。它衝撞了我們習以為常的慣性思考，啟發我對於文化主題、圖畫書的本質以及文學藝術的永恆性有更寬廣的理解。《安的種子》和《團圓》都有中文版，讀者可仔細參閱，對跨文化的閱讀理解與推廣有更多的認識。

目前臺灣與中國大陸都有所謂跨國界、跨文化的合作出版品，但時常因為缺乏扎實的編輯過程，流於表面合作，實則文圖各說各話、各自為政，更像是藉助國際名家的聲譽拉抬自己的身價。鴻飛的作法是藉由編輯的協助（也是要求），使法國畫家深入閱讀具有東方精神與美感的華文作品，產生理解和感動，進而創造出能感動法國讀者的圖像語言。這樣的作法兼顧文化特色與國際視野，並維持品質。書裡還有法國的書評人、獨立書店負責人和創作者的訪談，以及法國童書出版界與文化社會的相關資訊介紹，使這本書的內容更豐富完整。

希望讀者不會把開始前兩章成長歷程的介紹，只視為作者交待家世背景。我想作者的本意是要表達對於編輯條件的看法，「是什麼樣的人，就會成為什麼樣的編輯。是什麼樣的編輯，就會做出什麼樣的書。」因此，知識和技術雖然重要，但更根本的關鍵仍在於「人」的本質，個人對人性的理解與人生閱歷，個人的觀點與格局。

我很感謝葉俊良在這本書裡認真、誠懇而慷慨的分享，也很慶幸他並不提供標準答案式的說法，而是不斷反思自己作為圖畫書發行人、總編輯和藝術指導的角色。希望他的分享能啟發讀者思考自己對圖畫書的觀點，並藉此鼓勵同在這條路上辛苦努力的編輯們，剛強壯膽的去擴展自己在這門專業上的格局，對於自己的角色有更活潑、豐富的想像。因著書的滋養，我們繼續前行。

柯倩華
童書評論者

前言

我從遠方來，為了讓繁花盛開

我在法國成立鴻飛文化出版社，擔任總編輯到現在已經十年。在成立童書出版社之前，我在巴黎維爾曼建築學院取得學位，也與一位法國建築師一起工作過。而在來到法國學習建築之前，我在臺灣出生，求學，長大。所以我是一個來自臺灣、擁有建築專業、與法國人一起創作童書的編輯。

這樣的編輯，法國童書界沒有第二個。這是為什麼鴻飛文化雖然規模小，卻在多如繁星的法國出版社裡獨樹一幟，享有一定的辨識度。成立出版社之前，我和合夥人都不曾在圖書界工作過，圈內連一個認識我們的人也沒有。最先注意到我們存在的，是插畫家。他們需要出版社協助，把自身的才華呈現在讀者眼前。作為編輯，我們能夠勝任嗎？他們不知道，我也不知道。鴻飛文化是這樣開始的。

插畫家當中，有些人知道我曾經作過建築師，沒有人知道我來法國之前曾經在臺灣大學的外文系跟著王文興教授研究經典小說，隨著廖咸浩老師學習文學翻譯。要說拿筆畫圖，我比不上他們，但是在解讀一篇文學作品的時候，我的眼光比他們銳利，因為我有扎實的文學訓練。不管是華人作家還是法國作家的文字，我都可以幫助他們領略文字裡幽微的意境，讓他可以更自由地尋找適合入畫的素材、決定要畫什麼，並思考該怎樣畫才能把故事說好，感動讀者。

和鴻飛合作的插畫家，其創意和技法是有相當高的水平的。有些人是專業的畫家和藝術家，只創作過少量的童書插畫，甚至從來沒有做過這一件事。我必須讓他們了解：創作繪本和為美術館或藝廊作畫佈展是很不同的兩件事。童書裡圖畫和文字並存，而且它是一頁一頁翻開來的，就好像我們探索一棟建築，是一進一進地走，有開有合，有時序有先後，有伏筆有高潮。這些柳暗花明又一村的設計，如果畫家沒有想到，我得預先設想但是無需說破，最好是悄悄地在一旁引導他自己發現問題，尋找答案。當他因為我的幫助而自我突破、完成一件滿意的作品時，他會非常非常高興，也會覺得我是這個地球上最了解他的人。

即使我是來自東方世界、操著外國口音的漢人。

這些圖文作者當中，有些是經常和其他大型出版社合作的大咖。他們不會在媒體上公開稱讚自己所敬重的編輯（這完全沒有任何新聞價值），但是作家與插畫家的社交網是個小圈子，一本書編得好，立馬每個人都知道。當一個大咖持續在鴻飛出版兩個、三個甚至更多出色的作品時，那知曉的就不僅僅是作家與插畫家，連書店、媒體和導讀人士也不得不睜大眼睛：如果大咖願意持續和鴻飛這個小出版社合作，那不是灑錢的結果，而是我們提供了他所需要的專業服務，體現了他所認同的精神價值。

二〇一三年底，臺灣玉山社魏淑貞總編來到巴黎東郊的蒙特羅童書展（Salon du Livre et de la Presse Jeunesse）開幕晚會，我們在鴻飛的展位上第一次見面，魏總編當場建議我把從臺灣來法國定居與創業的過程寫成一本書。之後她雖然給了我非常珍貴的提點，我斷斷續續寫了兩年仍不滿意。這個時候，柯倩華小姐一句話點醒了我這個在迷霧中找路的當局者：我所選擇的方案與所製作的童書內容和形式，有別於其他人。這些選擇與判斷並非來自偶然，而是與我的精神生活、歷練和際遇相互穿透才形成的。透過我的經歷，帶領讀者近距離觀察並感受童書編輯這個幕後推手的感性世界和理性思路：或許這可以作為人們花時間讀這一本書的理由吧！

與我合作過的法國作家和插畫家，沒有人可以看懂這一本用中文寫的書，而這一本書的華文讀者也大多不能無礙地進入我編過的法文童書的世界。但，這是一本不能不寫的書。我把它獻給所有的小孩與沒有忘記自己曾經是小孩的大人：不管他們身在何處，講哪一種語言，我祝福他們共享一篇篇動人的故事，攜手創造一個理解勝過偏見、可以自由去來的開放的世界。

第 I 章

我從臺灣來

知道自己曾經如此默默地、

有始有終地被愛過，讓我無論走上哪一條路

都不覺得匱乏與孤單。

我在一個傳統的臺灣家庭出生長大，出生的時候家裡已經有五千金。我的父親在位於高雄市三多路的唐榮鐵工廠文書課上班，雖然薪水穩定，但是要養活一家人還是很辛苦。我們家的小孩也因此很自然地跟著父母養成了勤儉的習慣。

為了幫助生計，母親在家經營一間小雜貨店，街坊鄰居經常來買柴米油鹽，小學生放學以後也喜歡來買零嘴、買玩具。雖然我對做生意、做買賣這些事情從小就耳濡目染，但是卻從來沒有想像過長大後會自己成立一家公司。

長我十二歲的大姊比我早慧許多，在我進小學的時候，她已經是臺灣大學商學院的學生，研究所畢業後考取會計師執照，在金融界發揮長才，並先後於二〇〇一年和二〇一三年獲得中華民國證券暨期貨金彝獎傑出證券人才獎與傑出企業領導人才獎。我在二〇〇七年與法國朋友黎雅格（Loïc Jacob）先生一起登記成立鴻飛文化出版社，成立初期資金不充裕，多虧大姐幫助才得以讓這隻大鳥順利起飛。

在人才濟濟、競爭激烈的法國經營出版社並不容易，有好幾次我苦思出路，每每在和大姊分享內心困惑之後，才得以用平靜的心重新出發：如果沒有她對鴻飛的關注與信心，我肯定走不到現在這個位置。

從我懂事以來，我對大姊的印象就是她很少在家，因為她國中畢業就離家北上讀高中、進大學，只有寒暑假才看得到她。那時候我們全家都住高雄，她一個人在臺北，家人唯一掛念、想念的就是她。今天在寫這幾行字的時候，我忽然意識到：離家最遠的那個人早已經變成是我，而且我讓家人掛念的時間已經長達二十多年。

每個童書的創作者都有屬於他自己的家世背景，每個出版社的編輯也都有他體切走過的童年。對和我共事的法國人來說，臺灣顯得陌生而遙遠，但是家和童年卻深刻地形塑了我所成立的出版社的氣質和性格。出版社取名「鴻飛」，難道不已經向讀者暗示了那是不停地在東方與西方世界往返的大鳥？

家人給我自由

我的外婆住在高雄旗津，那是我母親出生的地方。母親五、六歲的時候就被在林園開米店的姨婆帶去寄養，她小學畢業後，姨婆沒讓她讀初中，她在家裡每天從早忙到晚，一直到她十九歲嫁給父親。隨後六個孩子陸續出生，她在家裡一邊照顧孩子，一邊經營小雜貨店。

小時候的我

我是家裡的老么，不會和鄰家小孩打架，功課也不用催就會自己做，但是我有個壞習慣：偶爾會不按時回家。國小五年級時，某個星期六下午，我沒有

我和五個姊姊

報備就去兩個同學家玩耍，等到天色昏暗，我心滿意足地回家，才遠遠地看到媽媽的身影站在門前的路燈下。

我上國二時，教育部臨時宣布試行跳級制度，我是班上被推薦越級參加聯考的兩個學生之一。當時我第一個反應是：從前大姊國中畢業後去臺北考高中，我也要跟她一樣。媽媽知道後，久久不言語。後來我第一志願填的是母校高雄師大附中的高中部。班上有一些從外縣市來的同學，我總愛去他們的住處消磨時間，打個電話給爸媽之後整夜不回家是稀鬆平常的事。其實我不是在逃家，我只是喜歡在外遊蕩、無拘無束的感覺。

大學畢業，我服完兵役立刻負笈法國學建築。媽媽很早就知道出國是我人生計劃的一部分，沒有阻撓。在她單純的想法裡，我只是出門去拿個學位，之後很快就會回來。她所不知道的是，我的人生計劃根本只是一張未完成的藍圖，圖上甚至沒有回家的路。於是她等著，耐心地等著，也曾很勇敢地一個人搭飛機來法國和我相聚。

假期結束，我送媽媽搭上回臺灣的班機後，和法國朋友在巴黎的中國餐館吃飯，席間無意中談到詩。我很粗心地把孟郊的〈遊子吟〉一句一句用法語念出來，念到第四句時，鹹鹹的淚水早已經灑到碗裡面。

雖然我到今天還住在法國為事業而奮鬥，雖然媽媽還是會不停地在電話裡叮嚀我要照顧好自己的身體，但她心裡明白這個浪子已經知道要往回家的路途遙望。**媽媽一生都在學習，而我這個不在身邊的兒子給了她最艱難的功課：我的人生路曾帶給她巨大的疑懼、不解和痛苦，而個性堅毅的她在憂傷之後，還給我的卻是無盡的原諒與祝福。**

我的父親是個盡責的人。在我小時候，他每天早上騎著摩托車去上班，傍晚時我和五姊聽到路口傳來那熟悉的引擎聲，知道爸爸下班了，心裡會不由自主地緊張一下，可是我們從不做壞事，爸爸也從來沒有打過我們。我一直想不透到底在緊張什麼。

這或許是很多華人父親的典型吧？我們很少透過言語來溝通，唯有透過他的行動才能約略猜測他的心意。國小五六年級，我越區就讀高雄市的數理實驗班。一開始，爸爸每天早晨用摩托車把我載去學校之後才去上班，下午放學時我再自己搭公車回家。後來想想，既然知道如何搭車回家，那為什麼早上不自己搭車去上學，而要爸爸每天騎車載我去呢？或許，那是做爸爸的責任感的表現吧！

之後我經歷中學、大學與服兵役的階段。我退伍前，爸爸的肝病爆發，同一年秋天我離開臺灣去法國留學。開車送我到機場的，是病中的爸爸：這是他最後一次載我去「上學」了。隔年，大姊安排爸爸、媽媽和兩個姊姊來法國遊玩，我開車載他們參觀了好幾座典雅的城堡。難為了病體虛弱的爸爸！假期結束後，我送家人到機場搭飛機回臺灣。一向不苟言笑的爸爸，在登機口緊握著我的雙手，哭了。我們都以為爸爸是感到不捨，極力安慰他；隨後我每一年都飛回去探望爸爸，直到他在我二十七歲那年辭世。

我從建築學院畢業後，在巴黎找到人生第一份穩定的工作，懷著開啟一段新生活的興奮心情，搬到巴黎東郊曼茵河谷的公寓。整理行李時，我無意間翻出家人來法國遊玩的照片，照片裡熟悉的臉龐與眼神，讓我憶起離別時父親淚灑巴黎機場的情景。我手握照片，淚如雨下，哭到沒有力氣才停下來。

我的父親和母親

在父親去世數年後的這一天，我懂了，我忽然全都懂了。爸爸抱病來歐洲並不是為了多看幾座漂亮的古堡，他在乎的是看看我生活的地方，知道我過得好。當年他陪國中畢業的大姊從高雄搭車到臺北考高中，現在又因最小的兒子而搭飛機來到歐洲。他一生長長的責任在那一刻圓滿了，他不用再擔心了。

知道自己曾經如此默默地、有始有終地被愛過，讓我無論走上哪一條路都不覺得匱乏與孤單。

《海角樂園》

L'Autre Bout du Monde

圖：索菲・洛絲（Sophie Roze）　文：葉俊良

二〇〇九年十月，我和合夥人黎雅格從巴黎開車到坎城附近的穆翁沙杜（Mouans-Sartoux）參加圖書節書展。九個小時的車程裡我們天南地北地聊天，聊到我的外婆。我告訴他外婆綁小腳，他覺得非常不可思議，好像我在霎那間變成了古人。他隨即建議我寫一個綁小腳的外婆的故事。這想法在我腦子裡醞釀，等十二月忙完各個書展，我靜靜在書桌前構想人物和情節，兩天之後，《海角樂園》的文本就誕生了。

朗朗馬上就要上小學一年級了。外婆希望送給朗朗一份特別的禮物，所以媽媽帶著他搭渡輪去外婆家。在渡輪上，朗朗看見外婆住的小島上有間紅磚砌成的大房子。媽媽和他解釋：當年英國人從世界的另一端來到這裡，認出這是個好地方，一待就好幾年。

到了外婆家，外婆和朗朗一起散步到郵局，並在路上講她年輕時發生的事。在郵局，朗朗打開包裹，那是外婆託住在日本的姨婆寄來的禮物：一雙很炫的球鞋！它將陪著朗朗到處去，而他每天在學校學的字也可以陪他走到很遠的地方，發現世界的廣大與美好。

故事寫好後，黎雅格笑說：「你就是會寫一些不按牌理出牌的東西！」依照法國人的邏輯，綁小腳的外婆只能有一個平面的角色：蒙昧傳統的受害者，而且最好在書裡放個文明戰勝蒙昧的橋段，就像法國大革命把全世界從黑暗的中世紀拯救出來一般。但我想像中的外婆，明明就是個會逗小孩、

關心妹妹、偶爾賣個小關子的可愛老婆婆啊！

故事講到快一半，外婆上場拄著拐杖慢慢地在後花園裡走，那個時候讀者才知道外婆綁小腳這一件事。而當朗朗和外婆因學認字而提到沒有上學也沒有綁小腳的芳芳姨婆時，故事並沒有告訴讀者誰的命運好、誰的命運壞：被鄰家小姐嘲笑的大腳姨婆後來靠著外婆教她的幾個字離開家鄉闖天下，認識許多朋友，逍遙自在得很呢！我給姨婆取名作芳芳，一來因為她雖然在故事裡但沒有露臉，就像花朵的香氣聞得到卻看不到，二來也是要指涉人與人之間的關愛：外婆、姨婆、媽媽、外公和朗朗，乃至於看外婆牽著孫子走向郵局的鄰居，一個小小的分享，一句短短的話語，都像漫溢的花香，從這裡到那裡，滋潤人心。讀者翻到最後一頁，讀了長大後的朗朗從法國寫給外婆的信，才知道故事裡的海角樂園是個叫做「臺灣」的地方。

故事寫好幾個月後，我們認識法國動畫界的新秀索菲．洛絲，把插畫的任務交給她。她沒有接觸過中華文化，但是有個好處：她來自於法國西部三面環海的布列塔尼半島。她愛怎麼畫就讓她怎麼畫：故事裡的老婆婆是我的外婆，她的外婆，也可能是每個讀者的外婆。

作為編輯，我只需從讀者閱讀習慣的角度針對某些構圖給她改進的建議，比如說封面：如何告訴讀者這個故事發生在地球的另一端，而不是在布列塔尼半島？我們知道每一艘船都有名字，於是就在船身上放三個漢字「遠洋號」，讀者看不懂那三個字但可以馬上了解故事發生在亞洲。另外，索菲在書裡放了一些小插圖，有拿著英國國旗的小騎兵，包裹的郵票上也有日本國旗的圖案，讓這個發生在臺灣和法國的故事又多了一些旅行的想像。

不管是圖畫還是文字，這個作品不特意討好讀者但也不自命清高，它只是單純地「做自己」。它不是為市場量身訂做的產品，銷售數字不驚人但也屬於中上。那個時期我參加很多書展，也常因它而和讀者結緣：看懂的人通常會毫不猶豫地買下來，因為市面上較少看到如此集輕快與豐富於一身的童書繪本。這個經驗讓我和黎雅格更加相信：讀者需要被尊重，而我們尊重他的方式是「做好自己」。

文學陪我走上人生路

我小學是在高雄市成功國小唸的。四年級下學期，學校老師指派我參加抽考，來回考了好幾次，考的都是學校沒有教的數學與推理題目。原來那是高雄市設在博愛國小的數理實驗班的招生考試。經過七回合的篩選，全市總共有三十三個小五學生獲得錄取。在沒有刻意安排的情況下，在資優班尚未普及的年代，我變成一隻枝頭的鳳凰。接著月考成績公佈下來我也得第一名。

從那時候起我有很多機會參加各種考試和比賽，也嘗過出風頭的滋味，但是這些讓人羨慕的光環卻也成了我的緊箍咒：我失去了不得第一名的自由。從那時候起，我看卡通或讀故事時，特別喜歡想像一個沒有人認識我的、遙遠的地方，比如說三毛筆下的撒哈拉沙漠。在那裡，我可以專心做我喜歡的事，不必擔心得到第幾名。

上國中之後，我開始透過中譯本閱讀外國作家的成長小說。美國作家沙林傑所寫的《麥田捕手》可以說是我的文學初體驗。書裡的主人翁霍爾頓在成人世界的前緣躑躅迷航，我自己不敢實踐的荒唐舉動都借助他幫我完成了。但是這個閱讀經驗帶給我的不僅是情感上的慰藉。它讓我看到：現實世界裡的黑暗、危險、孤寂和憤怒，都可以透過文學表現昇華為恆久的美感。

讀德國作家赫曼·赫塞的《徬徨少年時》，我已經上高中。那一個時期除了大量吸收文理學科各種知識之外，更花費許多時間學習與同儕相處，鍛煉自己的情緒與思想，脫離幼時受保護的、無知軟弱的狀態，同時又不沾染欺負弱小、擺弄別人的粗鄙習性。《徬徨少年時》這本書的靈魂人物德密安是敘事者的精神導師，這個精神導師是《麥田捕手》裡橫衝直撞的霍爾頓所沒有的，也是我所需要的。後來我看了柯波拉導演的電影《鬥魚》，愛在街頭打架鬧事的浪子也有一個被他當作英雄來崇拜的哥哥。

多年以後，我才領悟到文學對自己人生路上「先行者」的想像與追求，起了多麼重要的作用。我先在故事裡認識這樣的角色，之後也在現實生活裡，遇見少數幾個亦師亦友的人物。我不自覺地模仿他們，言語、思想與姿態也朝一個特定的方向演變，然後在不知不覺之中，我也成了某些人眼中的「先行者」。

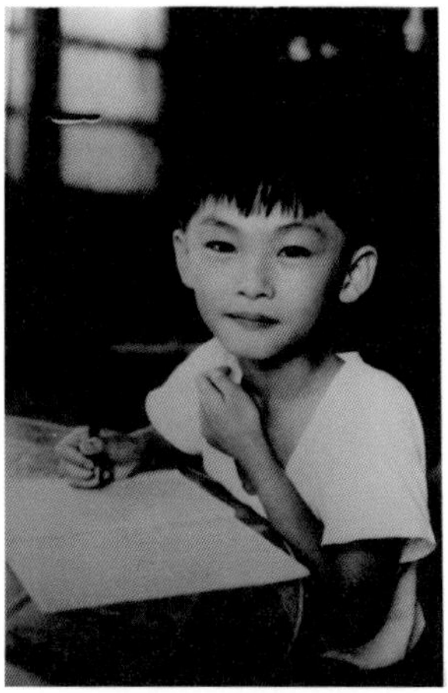

小學一年級的我，拿著筆正在寫日記。

小時候我曾經為了擺脫「得第一名」的桎梏而感到非常苦惱，因為第一名代表了你要和別人做一樣的事，根據同一個標準相互競爭，贏過別人。而作為一個先行者，我專注於自己喜歡做的事，不跟著別人做一樣的事。我可能在無意中成為「第一個」做這件事的人，品嘗作為一個先行者的孤獨與快樂，但無論如何「得第一名」的心理負擔再也無法困住我。

可是在達到這樣的境界之前，我還有很多曲折的成長路要去走。閱讀外國作品讓我用較快的速度學習英語，並在王惠珍老師的指導下，代表學校參加全國高中英語演講和作文比賽。但我畢竟不是三毛：我配合學校的安排，通過保送甄試進入台大物理系。

在那個以聯考定終身的年代，這樣的際遇令人羨慕，走在臺北羅斯福路上那個古典建築林立的校園也讓我覺得很幸福。其實我錯了：大一尚未結束我就發現自己根本不想在實驗室度過一生，成績也一落千丈。大二某一次段考過後，教授用很誠懇的語氣問我：「你怎麼考得這麼差？是我教得不好嗎？我要怎樣做才能幫助你？」我搖搖頭，什麼也沒有說。我自己也很想知道到底發生了什麼事。我大腦裡所有通向自然科學的連結，似乎不約而同地進入停機的狀態。

多年以後我在法國看到一個有關動物生態的紀錄片，它介紹了一種類似蠍子的昆蟲的生命史。這種蠍子從幼蟲轉變為成蟲的時候會分泌一種液體，讓牠進入蛻變的過程。當化繭的階段結束，蠍子必須使盡力量破繭而出，而如果破繭的過程太長，原先幫助牠進入蛻變狀態的液體會變成致命的毒素，困在繭裡面的蟲兒便會在很短的時間內死亡。或許生命的過程含藏了一些無法解釋的神秘力量，如果大二那一年的變故沒有發生，如果我沒有被逼到山窮水盡的境地，我不會拿出破釜沉舟的決心，離開這一條不屬於我的道路，讓生命繼續。這所物理系館變成了我的繭，我不能不用盡所有的力量逃出來。可是我的翅膀在哪裡？這是我在人生路上第一次遇到死胡同。

是偶然，還是同一個神秘的生命力量在冥冥之中引導？升大三的暑假，我路過一家外文書店，買了一本原文小說來讀：《麥田捕手》。主角走投無路的光景，全都成了當時我真實不過的生活內容。第二次讀這個故事療癒了我內心的傷口，也喚醒所有沉睡在我心裡的可能性。秋天開學時我做了一個簡單的決定：我將用一年的時間修完物理系所有必修課，同時到外文系選修歐洲文學史和英國文學史。大四那年我全在外文系度過。

這是我這一生第一次使盡全身力氣做好一件事，為的是逃離先前不小心栽進去的迷宮，也是為了贏得自己的生存與未來，但絕不是為了得第一名。

在教授們的引領下，我對近代與現代西洋文學下了一番深工夫，也回過頭來體驗中國古典文學的深刻、恢宏與優美。但是我無意投身學術研究當教授，不求博學強記，也不妄想靠搖筆桿維生。我決定去法國學習一門實際的技藝：建築設計。

那一段苦澀的成長路，如今看來像人生必經的暗夜。它讓我得以看見滿天美麗的星斗，了解什麼是夢想，什麼是等待：我最熱切的等待就是出國的那一天。成立鴻飛出版社之後，面對愛聽故事的小讀者，我也了解他們期盼夢想早日成真的心情。不管前方的路是平坦是坎坷，不管回家的路如何蜿蜒曲折，願鴻飛的故事書讓他們覺得不孤單，並給他們勇氣，走上一條沒有人能代替自己選擇的道路。

《王義之》向第一流人物學習

Le Calligraphe

圖：尼古拉・裘立弗（Nicolas Jolivot） 文：葉俊良

我的母校高雄師大附中慶祝建校三十周年，在那裡任教的學妹慕慧和我取得連繫，邀我撰寫一篇短文。我在那時候注意到她的教案裡有幾篇書法家王義之的軼事，之後才有以他為主題創作繪本的想法。

如果王義之生在今天，那麼「八卦天王」的稱謂非他莫屬：在中國歷史上沒有人軼事比他還多。躲婆橋的故事是最常被傳誦的典故之一。話說某一天王義之散步來到橋邊，看見姥姥愁眉不展：天氣不夠熱，沒有人停下來向她買扇子。王義之看那些芭蕉扇乾淨細緻，就讓姥姥擺二十來個在地上，他靈感一來在上面揮灑好幾首美妙的詩詞。姥姥看那些原本潔白的扇子多了黑黑的污點，又氣又急。好性子的王羲之陪她到市場上賣扇，識貨的人一來馬上搶光光。姥姥食髓知味，隔天又捧了一大堆潔白的扇子守在橋邊等候王羲之。王羲之只好躲在一塊大石頭後面，等姥姥離開了再出來。

這故事意不在隱惡揚善，是個單純博君一笑的「浮世繪」。如果要做成童書繪本，姥姥這種貪心的角色一定得受到懲罰，否則法國家長會質疑難道是要小朋友有樣學樣？其實我們並不是非得把姥姥簡化成「貪心」的角色不可。我覺得這個老太婆還蠻可愛的：她沒見識過什麼是書法，也沒有對王羲之五體投地，只是單純地擔心弄髒了的扇子會害她血本無歸。所以我用法文杜撰這個典故的時候，「背叛」了《晉書》：我添加了

孫子這個（沒有露臉的）人物。姥姥賣扇子是為了掙錢養活孫子，這就初步化解了「貪心的老太婆」的印象。

之後她與王羲之互動的場景，傳遞的主要是「秀才遇到兵，有理說不清」的趣味，以及「價值來自於創造」的體驗。當扇子賣完，王羲之要告辭的時候，姥姥一臉迷惑：因為王羲之題扇，所以賣這些扇子所得到的錢遠遠比她原本所能賺到的還多，那她該拿這些錢怎麼辦？王羲之哈哈大笑說：「妳這姥姥還真老實。那些錢，妳就留著給妳的孫子上學用吧！不管他長大後成為木匠還是宰相，是旅遊經商還是在田裡插秧，我祝福他找到屬於自己的志業。只要他學好一項專長並且帶著歡喜心去做它，那他就能帶給身旁的人快樂，他自己也會因這一份快樂而終生受用。」

我們把這故事拿給一位合作過的插畫家讀，他面有難色：這樣赤裸裸拿藝術創作和商業買賣一起講的故事，他想不出該怎麼畫。一年過後，我在一個小書展上結識尼古拉．裘力弗。他是個出色的旅遊畫家，但是從來沒有畫過童書繪本。他看完故事後會心一笑：姥姥和王羲之的對話，讓他想起旅行時遇過的中國人，和他們率直可愛的口吻和語氣，於是《王羲之》就成了我們第一個合作的故事。

不少讀者看到書名以為它是教人寫書法的實用書，翻開了之後才發現它在講一個大人物的小故事：造就一位大師的不只是技藝，而是純真的人性和與萬物相通的同情心。

在書展上我也注意到有不少學校的老師特別喜愛這一本書，或許是王羲之給姥姥孫子的祝福說中他們為人師表的心聲吧！另外，我也偶爾會受邀去學校和小朋友就這一本書做互動。當我和中年級的小朋友讀到「志業」(vocation)時，十個有五個不知道這個字是什麼意思。但那根本無所謂，因為十個小朋友中，每一個都認識了王羲之這樣一個真性情又有志業的可愛人物。

À la fin de la journée, Laolao compte son gain : deux mille sous! Elle a un sourire jusqu'aux oreilles. Wang lui dit :
– Laolao, me permettez-vous de prendre congé?
– Je suis bien embêtée...
– Pourquoi?
– Parce que, au lieu de cent sous, vous m'en laissez deux mille! Que ferai-je avec tout cet argent?
Wang Xizhi éclate de rire.
– Comme vous êtes une femme honnête, je vous fais un cadeau avant de vous quitter.
Il sort son propre éventail, prend un pinceau et y ajoute quelques mots.
– Cet éventail porte mes vœux pour votre petit-fils. Quant à l'argent que vous avez gagné aujourd'hui, utilisez-le pour envoyer le garçon à l'école. Qu'il devienne menuisier, mandarin, marchand ou poète, je lui souhaite de trouver sa vocation et d'aimer ce qu'il fera.

第 2 章

法國人教我的事

法國人的個性直來直往，心裡有什麼說什麼，
所以和我工作的人，包括圖文作者在內，
能把我法語精準的成分看成一項長處，而不是一種冒犯。

民國七十年代，臺灣的國小學生是不學英語的，但我就讀的實驗班有一位黃雪娥老師用遊戲的方式帶我們進入英語的天地。等我上了國中，黃老師要我每週三放學後騎車到她家，她給我個人指導並堅持不收學費。從那時候起，我與英語結下不解之緣。我在台大外文系選修文學課程時，透過英譯本接觸歐陸經典，但也經常在閱讀文學批評和文學理論時遇到法語單字。我是為了這個原因才勉強去師大法語中心學法語的。隨後我結識當年就讀台大外文系的徐麗松先生，他純熟的法語給了我用心學好這個語言的動能。

即使學了法語，我一開始並沒有去法國留學的想法。大四那一年我考GRE為的是準備去念美國的建築設計學院。後來評估了眾多因素，我把目光轉向歐洲與法國。那個年代，沒有網路，更沒有自動翻譯軟體，我就靠著有限的法語詞彙去法國在台協會查詢建築學院的資料，在退伍之後飛向那一個沒有任何人認識我的國度。

我來法國的第一年，住在香檳省的蘭斯城修習進階法語，半年後通過檢定，申請進入巴黎維爾曼建築學院。我沒有和華人交往聚會的習慣，很少有機會說漢語。而由於法國人不使用英語，所以二十年來，每天食衣住行、工作娛樂，法語成了唯一的思考、表達與溝通的工具。

對於在法國求學、生活與工作的外國人來說，說流利得體的法語並非了不起的事情：那是生存的基本條件。為什麼？因為法語對法國人來說也是如此！法語水平的高低在很大的程度上，決定了每個人的社交圈與可以冀望取得的社會地位。

法語：十年磨一劍

假如把自己想像成一個武士，法語就是一把武士刀。武士刀不只需要鋒利，還要經由雕琢展現品味。我讀建築學院的時候開始磨法語這一把劍，說來也是情勢所然。有幾門學科，包括藝術史、建築史、城市發展史等，不用精準的法語就無從吸收與表達。我拿到文憑開始工作一段時間之後，又去法蘭西城市規劃院（Institut Français d'Urbanisme）修習社會學和經濟課程，經由這些領域的法語詞彙，走進法國歷史與思想的核心，也走進當代法國多元社會。

我在建築學院的同學多是帶有藝術氣息的年輕法國人，他們可以透過形體與顏色等感官語言與外界溝通，很多人也因而不曾體認到提升法語水平的重要性。這個現象在建築設計課驗收作品的日子特別明顯。作品驗收時除了提交模型、平面圖、剖面圖和透視圖之外，還要向教授解釋設計構想、說明為什麼它是個好設計。

有些同學不重視口語表達，另有些同學不喜歡在眾人面前發言。我則是在高中參加英語演講比賽和在部隊帶兵時，就已經有不少上台發言的機會，所以不曾為這些報告緊張得睡不著覺。現在我指導插畫家創作繪本時會遇見類似的情況：某些習慣用視覺元素來溝通與表達的創作者，對於語言文字的敏感度不高，聽不懂我給他的提示和建議。那時候，我要做的就不僅是說寫精確標準的法語，而是要設想他聽得懂的例子和比喻，才能達成相互的了解。

我從建築學院畢業之後，在巴黎一家小型建築師事務所開始人生第一份穩定的工作。建築師接洽與聯絡的人很多，一邊是講效率的營造公司與技術工人，另一邊是花錢蓋房子、講究品味的業主。如何掌握業主的心理，如何給承包商明確的指令，這都依賴語言文字作為媒介，也需要像庖丁解牛一般，做到遊刃有餘的境地。

在巴黎任職建築師，2001年。

成立鴻飛出版社前一年，我為一家顧問公司組織建築類圖書的圖文內容，老闆派給我一件我從來沒有做過的差事：向建築師事務所邀稿，請他們提供圖文。

具體來說，我得先寄邀請函，然後打電話和各個事務所的負責人聯絡溝通，說服他們參加計劃。學過外語的人應該都能理解：和認識的人當面交談可以借助肢體語言來表達，用電話和陌生人溝通則只能靠聲音，而這個陌生人很可能認為這個操外國口音的人在打擾他，浪費他的時間。

一開始，打這種電話讓我覺得筋疲力盡。在拿起聽筒之前，照例要對自己複述好幾遍台詞。拿起聽筒後深呼吸好幾次，電話打通之後，如果負責人不在，要預約下回聯絡的時間，預約一場相同的折磨。這樣過了大約四個禮拜，有了幾個正面的回應之後，我的「業務員電話症候群」竟然不藥而癒，拿聽筒和陌生人講電話變成和吃飯一樣稀鬆平常。這個經驗也算是職場的必修科目之一吧！到現在，沒有修過這個「業務員電話學分」的法國人用電話折衝協商不見得比我妥貼。

臺灣的朋友知道我在法國成立出版社，和法國插畫家做原創繪本，第一個反應多是不可思議：和圖文作者共同創作圖畫故事書本身已經充滿挑戰，如果還得用外國語和他溝通，那豈不是難上加難？其實，我人生第一份穩定的工作是在巴黎，工作的語言是法語，我也很少有機會用漢語為圖文作者從事編輯。法國人的個性直來直往，心裡有什麼說什麼，所以和我工作的人，包括圖文作者在內，多能把我法語精準的成分看成一項長處，而不是一種冒犯。

一本童書繪本的價值是由幾個元素加總而成：故事、融入兒童觀點的插畫、讀者閱讀繪本的經驗和感受力等。當我們把這幾個因素放在一起，綜合考慮，在法國編輯華人文學的童書繪本不見得比在國內困難。我曾遇到和某些法國作者溝通不良的情況，不過衝突的原因，多是對於一本書合作過程中每個人的角色分配認知有差異，完全和語言無關。即使用中文編輯也不免會遇到這樣的情況。

在學校和職場之外，幫我磨法語這把劍的是黎雅格先生。他是典型的法國人，關心政治和時事，除此之外，他大學專攻法律史，所以對於字彙、概念、思維的精確與一貫性的要求標準一直都很高。我在日常生活或透過媒體遇到一些特殊的法語情境時，會把自己當成「未開化的外國人」向他提出質問。有時候聽他解釋完之後，我從自己的文化與經驗去解讀仍感到不滿意，黎雅格會要求我說清楚講明白。是因為如此我才會不得不從一個距離之外，去檢視自己習而不察的東方思維，他也獲得了更多對法國主流文化進行批判的思考工具。我們從事跨文化的童書創作，特別需要對自己的思想進行類似的鍛煉。

我和合夥人黎雅格（攝影：Jeanne Beutter 2017）

由建築跨入創作之門

從建築設計專業到童書編輯：這個轉換跑道的過程讓很多人覺得難以理解，甚至認為這樣做很「可惜」。我認為，如果沒有建築設計的訓練和經驗，我可能得繞更遠的路，才能摸索得到童書編輯和藝術指導的竅門。

臺灣有精緻的閩南傳統建築與日治時期的建設，但是整體的空間體驗是相對貧瘠的，來法國學建築是我在大學外文系選課之後才成型的計劃。義務役退伍前幾個月，部隊的長官讓我在每個禮拜三晚上請假離營，去高雄的畫室練習寫生，後來我順利錄取進入巴黎維爾曼建築學院，便抱著一個安份的想法：好好學習，順利畢業，找個穩當的工作安定下來，此外別無所求。

撇開力學、形態學、藝術史等學科不談，建築寫生、人體素描、建築設計等術科，讓我意識到這和我以往所學大有不同：建築設計絕對不是只靠技術就能夠達成。如果建築師在想像一棟建築物的時候，不動用他的感官思維、文化素養以及對人與社會的關懷，那麼讓設計軟體與機器人去畫施工圖就好了，用不到建築師。於是我有點因形勢所然，而經由建築一腳跨進設計與創作之門。

在建築設計課裡，教授帶領十五個學生，用六個禮拜的時間做一個方案，從基地限制、業主需求、配置圖、動線規劃、量體結構到立面與內部細部設計，每個禮拜教授針對各個學生的創意與設計個別指導改正。這個課程，基本上是與其他領域的設計與創作訓練有共通性的。設計與創作不只是個從無到有的迷人過程，它有起點（客觀條件與限制）也有終點（使用者），而且需要團隊裡的每個人貢獻他最好的那一部分。

在崇尚個人自由的社會裡，人們對才華洋溢的藝術家有莫名的崇拜，好像這些人不需努力、隨意揮灑即能成就不朽的篇章。但創作其實是有方法的。我們每做一個方案設計，都要先從了解地形、氣候等基地限制開始，後來進入事務所工作，更不能離開預算，紙上談兵。這些先天的條件對建築師的創造力並不是負面的「牽制」，相反地，它們要建築師不得不發想，尋找還不存在的解答，最後創造超乎業主期待的人文空間。

關於創作，學院的建築設計課給了我另一個重要的啟示：創作講究卓越，不能安於平庸。我記得進建築學院第一年，教授說好下一個禮拜要繳交期中成果，於是我很「安分」地完成作業，到了學校卻發現按時完成的同學沒幾個，而更讓我覺得不可理解的是教授好像不生氣，甚至和遲交的同學細心討論，善加指點。

這樣經過三四次，我漸漸了解：在規定時間內提出一個四平八穩、毫無特色的構想，厲害嗎？一點都不厲害。教授給的題目只是個起點，創造力從那一點往不同的方向出發，一個出色的建築師之所以能帶來獨特的價值，就在於他所選擇的方向超乎一般人的想像，建築物蓋好之後卻又令人覺得渾然天成，帶給人們歡愉和崇高的感受。

建築設計和其他創作領域一樣，意在駕馭創造力，讓它為人服務。關於這一點，我在巴黎的若納當建築師事務所有了較多的體會。若納當先生年輕時在北京住過兩年，能說一口流利的普通話。我協助他處理巴黎和法國南部普羅旺斯地區的設計案，也參與中國城市規劃顧問的項目。我因這個機緣帶領一群法國建築師去中國北京、上海和蘇州做訪問，也從紫禁城帶回一個獨一無二的建築體驗。

紫禁城巨大雄偉，莊嚴崇高，這都可以透過照片與或影片看到。但是有兩個中國建築特色需要自己親身走進這個宮殿群才能體會。第一，這個建築空間是個序列，走完第一進才能走第二進，第三進……進與進之間，漸次收放，人走進去心神隨它翕合。第二，這個建築空間透過高低不等的台基，讓人體自然感受地球重力，每踏上一級階梯都讓自己與天空更接近一步。

世界上還有很多偉大的建築我沒有走過，但是對我來說，紫禁城是一個非常特殊的地方：它以非凡的方式提高了人在宇宙之間的地位。帝制時代，只有極少數的人可以走進來。現在，它是全人類的文化遺產，一個不是那麼被了解的建築傑作。不論是在建築設計、繪畫、寫作或出版的領域，我們都可以從出色的感官體驗汲取靈感，用更崇高的方式透過創作來服務人群。

法國新故鄉

一些從臺灣或中國去法國留學的學生遇到我，經常問我一個問題：他們想在法國住一段時間，找一份工作吸取社會經驗，可是家鄉的父母思念他們，希望他們早一點回國。他們留也不是，不留也不是。我也經歷過這樣一個困惑的時刻。後來，我沒有回臺灣也沒有留在法國：我辭掉工作，申請去英國牛津做都市設計研究。學位有拿到也好，沒有拿到也罷：我這樣做，為的是暫時離開法國，去另一個地方生活一段時間。

離開法國的時候，我有專業技能也有穩定的工作，但我的生命是不完整的。它缺少什麼？我說不明白。旅居牛津一年八個月期間，我遇見一些人，經歷過一些事，回頭想來，這有點像聖修伯里筆下的小王子，他離開玫瑰花去遊歷，在旅程中與狐狸和飛行員邂逅，最後由沙漠裡的黃蛇護送他回到自己的小星球。

讓我望見回家方向的，不是黃蛇，而是匈牙利小鎮裡的一棵樹。那一年夏天，我去奧地利維也納參加都市設計年會，會議結束後搭火車去匈牙利布達佩斯，逗留幾天再搭機返回英國。我在一個叫做季幽的小城住了兩個晚上，在巷弄和廣場之中一邊漫步，一邊懷想十多年來的異國生涯。法國恬靜的生活別有情趣，但真正讓我一再回味的，是一段一段人生旅程當中所發生的故事。

從小我就喜歡聽故事：三毛的故事，牯嶺街的故事，鬥魚的故事，日正當中的故事，羅馬假期的故事，北非諜影的故事……但，誰說故事總是別人的？誰說我不也正在某一個故事裡？在如戲的人生裡，我可能扮演了某一場戲的主角，但是台下沒有人，也可能在另一場戲裡扮演了配角，但是台下有很多人……無論如何，我不會永遠是台下的戲迷。有一天，我也會變成別人眼中的「別人」。

這樣說好了：小時候，流浪的是別人。「你說過要到很遠的地方，去尋找你的理想……」，洪小喬歌裡的別人是個戴著低垂寬帽、彈著吉他的浪人。隨著時間過去，不知不覺間，那個浪人變成了我，我變成了那個浪人。我佔據了那個「別人」的位置。在匈牙利小鎮的橄欖樹底下，一個天真無邪的小男孩看見我這個「別人」打那兒走過，誰知道長大後的他會不會也離開自己的家鄉，到外面的世界去闖蕩？或許他得繞地球一大圈，才會在回頭的那一刻，發現看著他長大的季幽小城是全世界最美麗最溫暖的處所？

在那一天，在那一棵樹底下，我明白我走到了。還沒有看過的世界依然很大，還沒有認識的人仍然很多，但是我的心不再躁動。浪子終於回頭，我可以「回家」了。我的家在臺灣，我的家也在法國。

一個月之後，我辦理休學，回到法國新故鄉找工作，開啟下一個階段的人生。這是我大學四年級選修外文系課程以來，第二次面對一切歸零的情境。雖然生活充滿不確定性，但是一些無用的牽絆和負擔也全都離我而去：生命的可能性再次被擴大了。這一次我很確定自己要的是什麼：我要找一個和自己的文化相關的工作。如果我要做的事換另一個人去做也可以，那麼讓他來做就好了，我可以回臺灣。而如果我還沒有準備好回臺灣，那麼我在法國做的就應該是除了我之外，沒有別人可以做到或做好的事。

經過一兩個月的試探，一位巴黎的朋友介紹我與一家顧問公司的負責人見面，為中國某出版社組織圖書內容，介紹法國建築師的作品。我重新開始通勤的上班族生活，也有了穩定的收入。顧問公司的歷練讓我在舊世界與新生活之間搭起一座橋樑，也讓我想像一個不同的未來，比如說：登記成立自己的公司。

一直到去顧問公司上班之前我都沒有過這個想法。而一旦這個念頭產生之後，我每天清醒的時刻想的全都是這一件事，連我自己都覺得驚訝。我開始積極準備，利用週末和休假的時間參觀了北京書展和法蘭克福書展。**在法國創業給了我奮鬥的理由和自由：今後只能盡全力發揮自己的專業與求生技能，所有的成功與失敗全都由自己承擔，再沒有任何推託的藉口。**

《你記得老魏嗎？》海外華人的縮影

Te souviens-tu de Wei ?

文：關娜耶樂（Gwenaëlle Abolivier） 圖：扎宇（Zaü）

第一次世界大戰主戰場在歐陸，法國全國動員，也從殖民地徵召士兵投入戰場。當時，英國和法國從中國徵召十四萬名工人解決後方工廠人力嚴重不足的問題。這是一次大戰在法華工的由來。根據統計，兩萬個華工客死他鄉，其餘的在戰後陸續被送回中國，另外大約有兩千人留在法國落地生根。我和合夥人數年前在法國電視臺看到相關報導即有以該主題製作繪本的想法。

二〇一四年秋天，透過一位童書界前輩的牽線，我們和電臺記者關娜耶樂以及資深插畫家扎宇約在法國西北方一個濱海小鎮的華工墓園見面，《你記得老魏嗎？》的繪本計劃就此展開。

這是關娜耶樂第一次為童書繪本寫作，她親自造訪一位華工的後代並創造了一個虛構的人物，名喚作老魏。故事從他在中國貧苦的農村開始，他懷著發財翻身的夢想離開家鄉，然而在法國等著他的是無法溝通的洋人與殘酷的戰爭，經常要在隆隆砲聲中挖掘戰壕或清理慘不忍睹的屍體。當煙硝遠去，故事結尾意蘊深長。這一篇富含詩意的文字很快得到我和合夥人的認可，插畫家扎宇也很喜歡。

扎宇第一本繪本出版於一九六七年，在法國童書界是元老級的人物。他完全不擺架子，當我去他巴黎的工作室拜訪時，他很周到地給我看多年前去東南亞旅行的寫生簿，我也為他搜集一些民國初年的老照片作為參考。《你記得老魏嗎？》這一篇文字有力量也有美

感，但是它和一般常見的童書繪本的寫法不太一樣：在短短的四個篇幅之間，讀者要跟隨主人翁從上海來到馬賽。這還不止：年輕的老魏在離開上海之前已經對遠方的世界憧憬不已，而當郵輪抵達馬賽港的時候，深藍色的海水引他想起地球另一端的母親惦念的眼神。不同時空的跳躍與穿插，如何透過插畫來表達？

三個月後我收到扎宇的畫稿，從第一幅到最後一幅圖都被他雄健的筆觸所吸引，而當我回頭細看，那一段從上海到馬賽的畫面，更讓我對他不留鑿痕的高明手法嘆為觀止。在上海的街景旁邊，扎宇畫下了老魏拎了包袱的背影。而當他在船舷上遠遠地望見俯視馬賽港的聖母天主

Te souviens-tu de Wei
avant qu'il ne débarque à Marseille
les yeux perdus au fond de la mer
pour y puiser le regard de sa mère
restée de l'autre côté de la Terre
au pays du Livre des merveilles

堂時，扎宇在對頁放了一張小小的母親的照片。霎那間讀者明白了：當初望著老魏的背影、祝福他帶著希望走向遠方的，不是別人，正是他的母親。

《你記得老魏嗎？》出版兩個月之後，我們和作者以及插畫家一起出席了巴黎鳳凰書店的讀者見面會。扎宇提到他年輕時曾經在非洲生活過幾年，為一份報導性的刊物做了很多寫實的素描。他畫作的力量來自於真實的人生。讀者不見得說得出來為什麼看他的畫會受到這麼大的感動，但這肯定不是缺乏生活歷練的插畫家所能辦到的。

第 3 章

為獨立出版社編輯童書

出版社的編輯不是巨人。
他不需要有如椽之筆也不必是天才畫家。
他之所以能對書的創作與流通帶來貢獻，
是因為他處在一個特殊的位置，一個關鍵性的制高點。

我在二〇〇七年，和法國朋友黎雅格先生合夥成立鴻飛文化出版社。出版社最初五本書的文字來自近代華文作家的作品，包括楊喚的童詩和許地山的故事。一年過後，為了使鴻飛繪本的文字更貼近法國人的閱讀習慣，我也為出版社執筆撰寫原創故事或改編中國的經典小品文學。法國各地的小學開始邀請我以作者的身份去和學童見面說故事。一些幼齡的孩童不知道有印刷這一回事，以為作者需要拿筆一本書一本書地抄寫，插畫家也得一頁一頁地畫。如果和我做互動的是中高年級的學生，我會告訴他們：除了寫作之外，我主要的工作是編輯童書。

作者村與讀者村

和小學生解釋出版社編輯的工作內容並不容易，我通常會先讓他們猜猜：和我一起工作的是什麼人。除了作家和插畫家，有一個人協助我做美術編輯，另外有一個人協助我做文字校對。書稿設計完成之後，我得委託印刷廠完成印刷和裝訂，配合發行商向全國各地的書商介紹新書，讓他們下訂單，聯絡記者發佈新聞，讓家長、學校老師和圖書館館員知道哪個作者新出了一本好書。這個解釋不是很精確很完整，但還算具體。

從這個角度來看，出版社的編輯有點像交響樂團的指揮，電影的導演或是建築師。這是一個讓很多人動起來的工作。這些人是什麼人？我把其中一部分的人放在一起，組

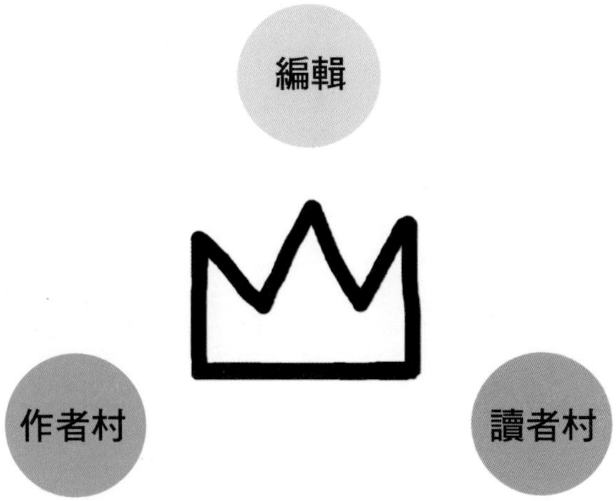

成一個「作者村」，另一些人放在一起，組成一個「讀者村」。出版社的編輯就住在這兩個村莊中間。

為什麼這兩個村莊的人需要出版社的編輯才能和諧無礙地動起來、邂逅並且進行交流？那是因為作者村和讀者村中間隔了一座山。作者村在山的西邊，讀者村在山的東邊，出版社的編輯不偏不倚地住在山頂上。西村的作者看不到東村的讀者，但是沒關係，出版社的編輯看得到，這是他之所以能夠幫助作者的原因。東村的讀者看不到西村的作者，但是也沒關係，出版社的編輯看得到，這是他之所以能夠服務讀者的原因。

出版社的編輯不是巨人，他不需要有如椽之筆也不必是天才畫家。他之所以能對書的創作與流通帶來貢獻，是因為他處在一個特殊的位置，一個關鍵性的制高點。

座落山頂的出版社

不同的作者和讀者依傍不同的山頭居住著，但作者村旁邊的山不止一座，可能它的東邊有一座山，南邊也有一座山，所以同一個作者可以與幾個不同的出版社合作，而讀者所喜歡的書更經常來自於若干不同的出版社。某些出版社不隸屬於大型集團，他們自主決定如何集結資源幫助作者，服務讀者，這是我們稱之為「獨立」出版社的原因。

為獨立出版社工作，就是讓山下的作者村與讀者村人丁興旺，同時與其他山頭的出版社維持文明的競爭關係，這需要知識、經驗、美學素養和人文關懷。大家很容易明白讓讀者村人丁興旺的重要性，因為讀者村的人買書，出版社才有進帳支付它的開銷，持續經營。但如果出版社旗下沒有好作者，它是無法吸引讀者

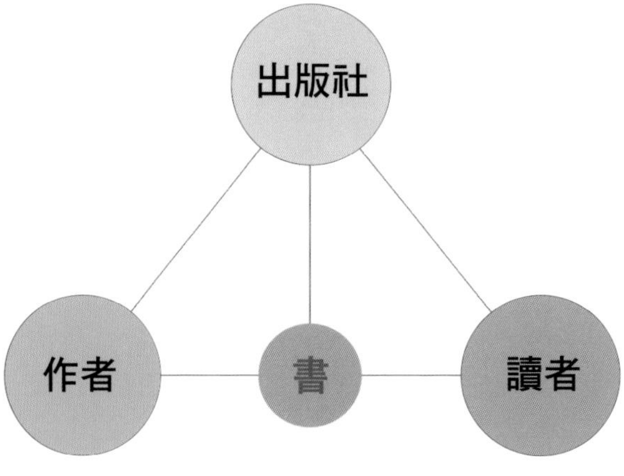

來買書的。一個好作者往往同時有幾家出版社希望與他合作。有些出版社規模大但是缺乏特色，另有些出版社規模小但是特色鮮明，作者可以根據他的需要，選擇和不同的出版社合作。

讀到這裡，可能有人會質疑：現在網路那麼發達，作者和讀者個個都是網民，資訊流通毫無障礙，我所謂的山頭應該已經不存在了吧？但我們需要注意幾件事。第一，資訊不等於知識。和某個特定作者互動的讀者，基本上是喜歡該作者的讀者，而出版社編輯所認識的讀者是各式各樣的讀者，包括還不熟悉該作者的風格的讀者。這個編輯必備的知識是作者比較少有的，因為這和他的創作沒有直接關聯。

第二，作者和讀者基本上是針對已經出版的成書來做資訊交流，而編輯的責任的是創造一本還不存在的書，並設想如何把它介紹給還沒有看到這本書的潛在讀者。我們需要出版社編輯的原因就在於，他的知識與經驗幫助他在配合作者進行創作的過程中，減少做出錯誤的判斷與選擇的可能。

所以，這個山頭的比喻，並不因為當代資訊技術演進而失去意義。我們也可以說，正是因為現代社會資訊量大增，人們左顧右盼，無所適從，一些不輕易被資訊洪流淹沒的山頭讓人不至於迷失並安心地往前走，所以反倒顯得重要而可貴。

山頭林立的獨立童書出版社

根據法國出版公會二〇一四年統計，書籍是所有文化產品當中消費者選擇的首位，佔總營業額的五五％，遠遠超過遊戲玩具（二二％）、影片（一五％）和音樂（八％）。法國每年出版童書約八千種類，其中有二〇％是翻譯自國外的著作，六千種是初版新書。童書營業額佔所有出版品的一四％，比重僅次於文學類圖書。

法國若干歷史悠久的出版社成立於十九世紀末或二十世紀初，多以家族企業的方式來經營，其中卡斯特曼出版社（Casterman）在上個世紀即出版若干極為成功的圖畫故事書和漫畫，包括《丁丁歷險記》；第一本透過大量圖畫說故事的書《Macao與Cosmage的幸福體驗》（*Macao et Cosmage, ou l'expérience du bonheur*），在一九一九年由伽利瑪出版社（Gallimard）出版；著名的開心學校（l'Ecole des Loisirs）成立於一九六五年，每年出版超過兩百五十種新書。法國童書出版業大幅發展是一九八〇年代的事，當時大型出版集團漸漸成型，大出版社不是併購小型童書出版社，就是自己成立童書部門。每一年在巴黎東郊的蒙特羅童書展（Salon du Livre et de la Presse Jeunesse）上，大約有三百家大大小小的童書出版社齊聚一堂，展售其原創書或引進書。

我們在上一節簡單說明了介於作者村和讀者村之間的出版社的生存環境。而為獨立出版社編輯童書則構成了另一層次的挑戰。第一，參與童書創作的除了文字作者，還有圖畫作者，或稱為繪者。某些書的作者和繪者是兩個不同的人，可能相互認識也可能互不認識。有些作品的圖畫與文字作者是同一個人，還有些人能寫能畫，但是選擇為別人的文字作插畫，或者把自己的文字交給另外的繪者去詮釋。童書出版社的編輯必須認識各個圖文作者的思路、技法和喜好，也要了解作者與自己的作品的關係，適時扮演協調人的角色，讓每個參與的人都覺得成書反映了他的才華和風格。

第二，童書是給兒童看的，但是會先經過成人的篩選之後才會送達兒童的手裡。這些成人包括家長、圖書館員和老師，也包括專業期刊、部落格、說故事媽媽等導讀人。他們起了濾鏡的作用：具有原創性、有特色的作品會因此而經常被推薦，提高了它們的能見度。可是這些大人推薦給小朋友讀的繪本不見得是兒童認為最有趣、最有意思的繪本。這是為什麼童書出版社在決定出版一本書或構想它的形式的時候，往往需要兼顧大人和小孩的喜好。

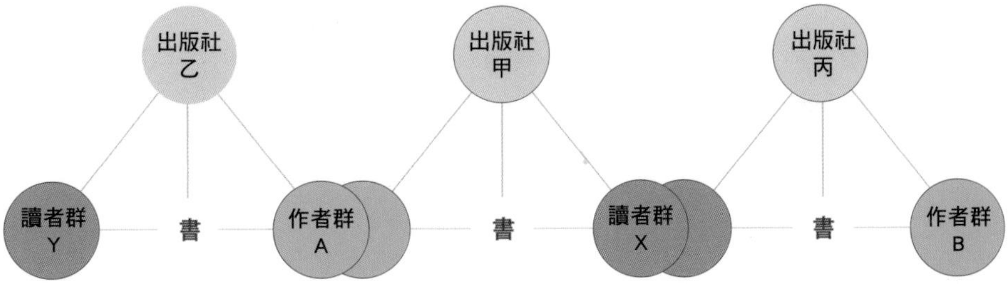

《書報周刊》記者
克珞德·孔貝（Claude Combet）
談法國童書出版產業

《書報周刊》（*Livres Hebdo*）是法國圖書界的標竿刊物，書商、圖書館員、出版社和記者都是它的主要讀者。克珞德·孔貝負責的欄目是外國文學與兒童文學，她也經常撰寫關於偵探小說和暢銷書的報導。

Q1　您什麼時候成為專門報導有關法國圖書時事的記者？根據您的觀察，法國童書出版社的版圖經歷了什麼變動？

我從八〇年代末期開始撰文報導法國童書出版時事。從那個時候起，法國童書出版量爆發性的成長一直到今天都沒有停過。二〇〇五年法國新童書計六千四百一十種，十年之後這個數字是一萬一千一百五十四，幾乎翻倍。童書領域的特色是種類繁多，包括從啟蒙書、繪本、小說到非文學類的參考書（父母會限制孩子上網查資料，所以參考書的銷售並沒有因網際網路的普及而下跌），同時也有一些小眾產品出現，包括著色書、有聲書、遊戲書、young adults和geek、與原創性很高的書。童書市場明顯增長，吸引很多出版人投入。

童書出版業的成長與圖書產業成熟化發生在同一個時期，以至於所有的大型出版集團都成立了童書部門或子公司。每一年都有新出版社成立，有些是很小的出版社。我特別留意觀察的現象是各個出版社的意旨、風格和組織。並非所有小的獨立出版社都出好書。大出版集團可以出精美的好書，小出版社也可能出版平庸無奇的糟糠。

Q2 您如何認定哪些時事值得報導？

我的工作不是書評，而是整理資訊，傳遞給專業人士：新出版社成立、併購、合股、編輯策略、人事更動、發行全球的新書或新書系等。《書報周刊》每一年有七個專刊，和童書相關的專刊就有三個，包括十一月蒙特羅童書展前夕的產業縱覽、配合波隆納童書展出版的插畫創作與授權報導、與每年八月底收假時出版的流行趨勢與暢銷書報導，每一期專刊都會介紹具有特色的書店或出版社。

Q3 您參加過世界各地的書展，也是二〇一六年義大利波隆納童書獎評審委員之一。這些國際交流是否幫助您對法國童書出版的特點有深一層的了解？

多年前我第一次參觀波隆納童書展，看得眼花繚亂，唯一的印象是所有出版社的書都大同小異，後來我認識一些出版社的編輯，看到某些經典作品的版式底稿，才具體了解各個出版社不同之處。波隆納童書獎評審的經歷讓我看到全世界頂尖的好書，這些書有一部份來自法國（每一年總有法國的出版社得獎）。近兩年我在一所藝術學校兼課，也透過學生觀察到法國出版社對於選紙與印刷的高度要求。這些頂尖的法國出版社美術編輯水準很高，很專業化也很勇於突破，整本書的設計面面俱到，但是也有外國出版社認為法國童書繪本太「複雜」，講究過頭。

DOSSIER

JEUNESSE

HongFei Cultures, entre Orient et Occident

Fondée en 2007 par un duo qui ne venait pas de l'édition, HongFei Cultures a développé un catalogue d'albums exigeants, créant un pont entre la Chine et la France.

L'audace dans le point de vue

Le réel pour parler d'autre chose

70

摘自Livres Hebdo 1107期，2016年11月25日。
（文：克珞德・孔貝／攝影：Olivier Dion）

第 4 章

為原創童書繪本作藝術指導

閱讀牽涉的不只是讀者的知性理解，
它是具體時空下的美感經驗。讀者沒有受到感動時，
他只是接收一些片斷冰冷的訊息，日子久了就忘了。
能感動讀者的圖文才能為他所「懂」。

「編輯」這個職稱在大出版社裡可以細分為三個不同的職位：藝術指導、編輯和發行人。在規模比較小的出版社，這些工作可能由同一個人承擔。也就是說，編輯在面對圖文作者、討論創作內容的時候，他採取藝術指導的觀點，扮演藝術指導的角色。同一個編輯在面對讀者的時候，則必須扮演發行人的角色，讓最多的人看見某一本書與某個作者的價值。

並不是只有童書繪本需要藝術指導（direction artistique）。其他領域如戲劇、舞蹈、電影、展覽等，需要在創造、表達與溝通各個環節協調一致，也需要藝術指導。

創作兒童圖畫故事書，簡單說來就是作者和藝術指導一起合作，透過繪本的形式說好一個故事。童書創作不是作者一個人的事，而是一群人的事。圖文作者的本職是透過他們所創造的圖畫和文字，感動讀者。但是**一本書除了圖畫和文字之外，還有許多層面不是圖文作者所能夠花時間十足掌握的，包括字型選擇、字體大小、圖文位置、印刷用的紙張、印量、市場所能接受的版式與售價等**。一本書的創作過程如果沒有藝術指導，這些環節會出現自相矛盾或銜接不良的情況，明眼人一下子就看得出來。

但是藝術指導的功能，不只是消極地避免一本書的顏色款式穿搭出現錯誤而已。某些為孩子買書的家長偏重童書的教育功能，把傳授知識、品德與教養的內容視為正餐，把書的藝術表現當作點心，如果說正餐不能少，那麼點心沒有也餓不著。也有人認為，希望把孩子栽培成音樂家或畫家的家長，才會講求童書的藝術表現，其他人不需要。

這個觀點忽略了一個簡單的事實：閱讀**牽涉的不只是讀者的知性理解，它是具體時空之下的美感經驗。當讀者沒有受到感動的時候，他只是接收一些片斷與冰冷的訊息和知識，日子久了就忘了。能感動讀者的圖文才能為他所「懂」**。童書出版社藝術指導的責任即在於，透過圖書的構思與設計讓這樣的美感經驗成為可能。

如果作者對於藝術指導的工作內容有基本的了解，如果編輯對作者的創作思維有基本的認識，那麼彼此找到合適的工作夥伴的機會就比較大。出版社的編輯和作者沒有上司對部屬的縱向權力關係，如果決定在一起說好一個故事，那是自由選擇的結果，雙方都期待能彼此配合，認定共同目標，發揮各自的才華，互相輝映，互相成就。

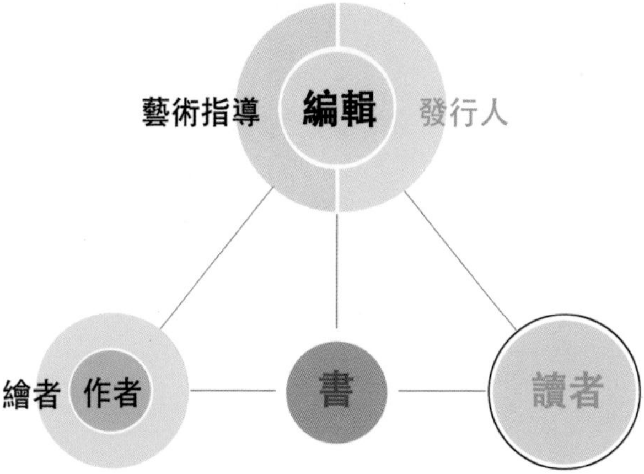

對的人：自由選擇彼此

我們不妨透過一個比喻，來從側面了解編輯和作者之間相互選擇的關係。人們常常把有天份、有才華的創作者稱為千里馬，千里馬需要伯樂，讓他能脫穎而出，一展長才。這個說法不能算錯，但是有一些需要補充與修正的地方。

千里馬的說法反映的是作者本身的才華，而不是他下功夫修煉鍛煉的過程。好像他是文曲星下凡，靈感充沛，無師自通，想要不當作家都不行。至於插畫創作，人們比較能夠接受進學校學繪畫的想法，美術學院也因應社會演變需要而開設插畫系。即使如此，強調天份、不問技法的素人畫家的觀念還是十分盛行。

從編輯的角度來看，才華和功力是兩個不同的觀念。所謂「台上三分鐘，台下十年功」，這是很多資深的作者和繪者都清楚明白的。即使得到一個國際插畫大獎，那並不能直接兌換成出版合約，因為插畫獎肯定的是有潛力的、發展獨特視覺語言的圖像創作者，至於他是否能讀懂一篇文字的內涵、是否能透過一系列的圖畫配合文字說好一個能夠感動讀者的故事，往往不在這些獎的評審標準之內。

從另一方面看，把出版社的編輯比喻成伯樂又是否合理？

在古代，馬是非常珍貴的財富，平時可以載物馱人，戰時可以作為兵士座騎。所以《論語》才會記載孔子在馬廄失火之後「問人，不問馬」的軼事，強調他看重人命更重於財產。

春秋時代有一個叫做孫陽的人，為秦穆公挑選不同的良馬，立下大功勞，被封為伯樂將軍，也就是後世所稱的伯樂。伯樂相馬的最終目的是什麼？是讓秦穆公得以根據不同良馬的特性，編派不同的用途。適合馳騁戰場的就要編入戎馬的隊伍，善於狩獵的就要編入田馬的隊伍，同樣都是良馬，但是如果用錯地方就發揮不了用途，甚至還會誤事。在這個典故裡，伯樂只需做好相馬的工作，秦穆公只管用人。

在出版社，編輯既是伯樂也是秦穆公：他只相他能用的人才。

我們也不要忘記：在出版市場裡，伯樂和秦穆公不止一個。如果同時有兩家出版社需要出兵征戰，適合做戎馬的作者立刻有談判的籌碼。在這個媒合的過程中，作者和繪者不是被動地讓皇帝挑選的宮女，他可以主動聯絡需要他的出版社，但前提是了解這些出版社的需要。如果作者看不懂出版社的思維，貿然提議合作，他有可能被拒絕也可能被誤用，讓創作變成毫無價值的平庸作品。相反地，如果作者找到適合自己的出版社，讓編輯願意透過其專業幫助自己把佳作變成傑作，那麼他不僅不會排拒或輕視出版社編輯所帶來的價值，還會願意跟他合作一輩子。

《霧中龍》

Dragons de poussière

圖文：提利．德第歐（Thierry Dedieu）

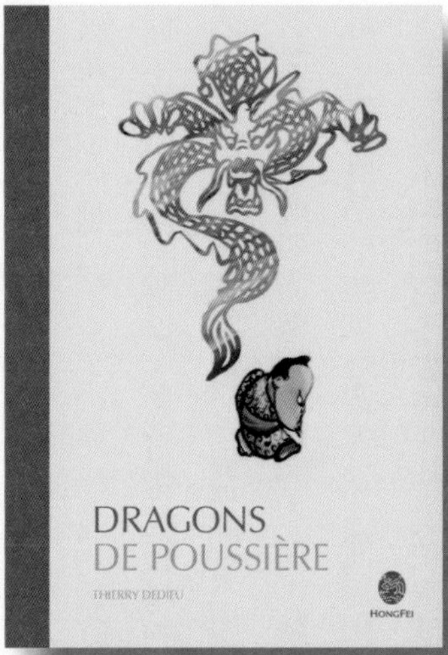

提利．德第歐早年活躍於廣告設計的領域，從一九九四年開始投入童書繪本圖文創作。當他在二〇一一年夏天把一份草稿寄到鴻飛的電子郵件信箱時，我和合夥人都以為是一個同名同姓的創作者投的稿。當時他出版的童書已經超過一百餘種，而鴻飛文化成立才五年。

根據德第歐，在中國流傳著這麼一個說法：作畫的人偶爾會看到龍在他筆下探出頭來，那時，他就明白自己已經成為一個偉大的畫家。李勇培很苦惱：他再也等不下去了。七年，他畫了七年卻從來沒有龍在他筆下出現。他又失望又氣憤，決定革除之前想要成為藝術家的虛榮心，扔掉畫筆去一個富商家做長工。

時間就這樣過去了。李勇培徹底驅走了成為大畫家的夢想。然而，某一天，一群忽隱忽現的龍竟然出現在他的拖把底下！很快地，李勇培與龍培養出微妙的默契。他經常靜靜地等待龍出現，並且開始寫日記，記載他所看到的每一隻龍的神態。

冬天來了：在鑲木地板底下，龍頭轉向日落的地方。一條勇猛的龍。

立春：多麼高傲的眼神！一條金色的龍與門前的金甕相互輝映。精彩。

秋天結束：很小但是很明顯，長長的嘴巴像在舔地上的茶壺。

立冬：他佔據了整個空間，龍爪緊緊扣住一片塵霧不放。我不由得哭了起來。

李勇培的日記可以說是文字遊戲，但也變成了龍的樊籠。到最後他連日記也不寫了。甚至，為了不讓自己再一次被虛榮心所征服，李勇培把日記給燒了，從此以後沒有人知道他的秘密。他沒有料到的是，這些龍已經對他產生好感。在他住的房屋頂上，從煙囪冉冉升起的煙霧往往顯現龍的形狀，方圓十里外都看得見。

作者的本職是創作一流的圖文，至於如何把計劃轉變成一本鋪在書店裡上、任讀者選購的書，他不管。這是編輯的責任，因為出版一本書，不管它內容有多好，如果賣不掉，賠錢的是出版社而不是作者。如果擔任藝術指導的人身兼編輯和發行人的角色，他會積極想辦法把它變成一本可以賣的書。

德第歐交給我們的草稿呈正方形，文字放在圖畫留白的地方。從編輯的角度來看，家長拿到字數少的方形書，會直覺地認定它是給幼齡兒童看的。《霧中龍》的故事字數雖然不多，但是內容有深意，幼齡兒童看不懂也會覺得無趣，我們必須要透過書本的版式設計，告訴讀者它適合給大一點的小朋友看。

我們為《霧中龍》的故事設計了直立長方形的版式，同時透過布邊裝幀來增添書的質感。原始插畫的比例和構圖沒有更動，只在每一幅圖的上方和下方添加了「天」和「地」，地比較寬，用來放文字，整本書文字的位置便有了規律性，也增添了中國古典書畫裱褙的意象。敘事過程中，主角李勇培的札記文字放在圖畫留白的部分，顏色和字體都和敘事文字不一樣，一目了然。書完成之後，一切看起來是那麼自然，但是讀者不會想到這個設計的過程。

我們透過電子郵件和作者交流討論，並相約在蒙特羅童書展見面，那時候書的電子稿已經大抵完成。見面當天，德第歐快步走來鴻飛展位，招呼過後劈頭第一句話便質問我們：「你們的校對到底是怎麼做的，把第一頁一個正確的字改成錯字？」我們可緊張了，和他解釋：法文文法規定要使用我們改用的字。他聽了半信半疑地走了。隔天，他特地來告訴我們說他查了文法書：「你們改得對！」從那時候起，他對我們的編輯和藝術指導的品質心服口服，接下來陸續合作了好幾本書。

《霧中龍》的作者和繪者是同一個人。其他很多書都是先有故事文字，然後才交給繪者創作插圖。不論是哪一種情況，童書出版社的編輯的第一個責任是判斷誰是適合的作者和繪者，和他們一起創作。

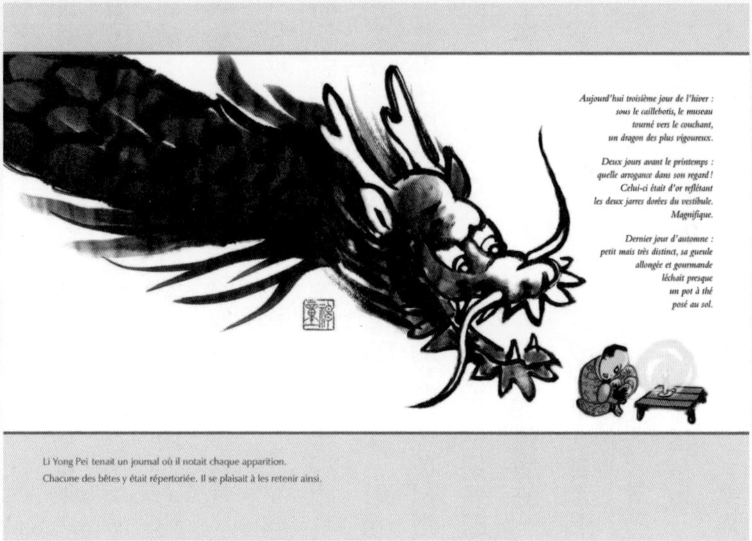
Aujourd'hui troisième jour de l'hiver :
sous le caillebotis, le museau
tourné vers le couchant,
un dragon des plus vigoureux.
Deux jours avant le printemps :
quelle arrogance dans son regard !
Celui-ci était d'or reflétant
les deux jarres dorées du vestibule.
Magnifique.
Dernier jour d'automne :
petit mais très distinct, sa gueule
allongée et gourmande
léchait presque
un pot à thé
posé au sol.
Li Yong Pei tenait un journal où il notait chaque apparition.
Chacune des bêtes y était répertoriée. Il se plaisait à les retenir ainsi.

藝術指導的第一個責任：決定和誰合作

如果沒有好的作者一起配合，編輯是英雄無用武之地的。俗話說「巧婦難為無米之炊」，如果沒有米，巧婦無論如何也巧不起來。我們也可以把編輯想像成衝浪選手：一個欠缺才華或功力的作者像是一個沒有浪的海灣，在那裡，編輯是完全沒有展現能力的機會的。這是為什麼好的編輯非常留意他和哪些作者合作，並積極了解作者的特殊性，就好比有自信的木匠必須充分了解他所要雕刻的木材屬性，是一樣的道理。

從藝術指導的角度來看，好的作者和繪者符合兩個基本條件。第一，對文學與人性了解透徹。這個原則適用於文字作者，更適用於繪者。文字作者不是會賣弄文筆、杜撰故事就好，他要寫出很多人想看、一看再看的故事。因為是寫給兒童看的故事，所以很多書的內容如果不是取材於日常生活，就是創造一個超乎現實邏輯的奇幻世界。這些題材在沒有才華與功力的作者筆下可以變得很平庸，了無新意；但是對人性了解透徹的、善於駕馭文字的作者卻可以透過平凡的主題，呈現我們視而不見的生活真實面，擴展我們的生活經驗。這是我們所需要的作者。

至於繪者，他要具備精確細膩的表達能力，但是只靠純熟的繪畫技巧並不能成就一個童書插畫家。他是故事文字的第一個讀者，不能「大約讀懂」就好，而是要徹底讀懂文字作者所要表達的意境。並非所有識字的人都能做到這一件事，它需要文學閱讀的素養和能力，而這又與繪者的人生歷練脫離不了關係。

一篇好的文字有主次、有節奏、有情感，提供不同層次的閱讀樂趣。我收到一篇好的文字稿，交給某個可能合作的繪者讀時，我不會急著要他畫草圖給我看。我要他先告訴我他從文字裡讀到什麼，以便觀察他是否有讀到故事的精髓。沒有圖畫的文字好比一塊建築基地，上面什麼都還沒有蓋但是有高低起伏的地貌。我帶繪者走進這一塊基地，用意在於觀察他親近這地貌的方式。

我還是建築師的時候，曾經去蘇州造訪一些園林。除了美麗的鋪地與細緻的亭台樓閣之外，讓我印象最深刻的是這些園林的地貌。來到某處拾級而上，只需三公尺的落差就足以讓身體感受去遠郊登山的興味。小石堆高處蓋了一座精巧的涼亭，坐在涼亭裡可以俯瞰水塘的荷花與游魚。從涼亭走下來，繞過水塘走上一條曲折的廊道，那廊道竟然也不是平的，而是個緩坡。走在這樣一個庭園裡，身體的每一種感官都被愉悅地喚醒。這種經驗，不要說平面圖，就連照片都很難傳達。

如果把整個圖畫書比喻成建築空間，故事文字就好像建築物起造之前的地皮，不管是天然的還是人造的，它有高有低，有始有終。我們多走幾回就會慢慢地得到一些靈感，知道這裡該放個亭子，那裡該種一棵桂花樹，用不留鑿痕的方式讓進來的人走過之後說「好舒服好暢快」，之後還會再想走第二次，第三次。

如果繪者看不見地貌的特性、優勢與限制，他很可能在不適合的地方蓋亭子、挖水塘。那亭子再怎麼精雕細琢都不能彌補這個錯誤與失敗。如果繪者的文學素養或人生閱歷和某一篇文字的意向不同調，他會遠離作者本意去發想，使作品變調或變得貧瘠。身為編輯，如果我在繪者構思草圖之前看到這一點還貿然邀請他為故事創作插圖，那我就沒有盡到編輯的責任，作者和繪者沒有一個會感到滿意，讀者就更不用說了。相反地，如果針對某個文字，能找到一個兼具文學素養與人生閱歷的繪者，那麼計劃已經成功了一半。

《愛流汐漲》

Marée d'amour dans la nuit

圖：梅露琳・蒂莉（Mélusine Thiry）　文：許地山

月亮悄悄地爬上嵇家的東牆。七歲的寶璜一看見月亮就要叫爹爹給他燃香，可是他的爹爹卻對著月亮不停地嘆氣。因為一股哀傷的浪潮正緩緩地漲起，淹沒了他的父親：他的妻子去世，到後天將要滿百日。「爹爹，你為什麼哭呢？難道你也怕大貓來咬你嗎？」

這一篇故事出自許地山（筆名落華生）在一九二〇年代出版的《空山靈雨》文集。故事主要人物只有三、四個，作家對七歲的寶璜的神態描繪具體生動，而且整體文字結構嚴謹，意蘊飽滿，所以我們有了把它介紹給法國讀者的想法。法文版的編寫忠實地反映了原文含蓄的敘事口吻，雖然故事只發生在一個晚上，可是作者在字裡行間暗示了時間的流逝與人事的變遷，正好可以透過法文字詞對時態精確的講究，以不著痕跡的手法重現。另外，繪本的形式減緩了文字鋪陳的速度，讓它所描繪的樂音和光影，從容地浮現在距離亞洲文化非常遙遠的讀者的耳裡與眼裡。

我們為這個故事尋找法國插畫家，很快地為梅露琳．蒂莉特殊的風格所吸引。她的正職是劇場的燈光設計，工作之餘也嘗試創造一些圖文。其畫作有兩個層面：其一是剪影，其二是燈畫。也就是說，她可以透過剪紙精確地呈現人物的內心情感與其周遭的情境，同時也借助各種半透明的紙張的顏色和紋路，襯著黑的底色烘托一個童話般的世界。

在製作插畫的過程中，大部分圖畫的構圖與色彩很快地超越了我們的期待，少數幾幅草圖所呈現的父親形象則給人一種窒悶、嚴峻的感覺。我們和她說明了，作家透過父親堅強的外表所要傳達的，正是深藏內心的柔情與對孩子的關照——他不給自己情緒潰堤的權利。之後，插畫家彷彿也經歷一次心靈洗滌，每一幅畫都成了既莊嚴又溫柔的佳作。這是梅露琳．蒂莉的第一本繪本。

《愛流汐漲》出版之後很快地得到法國書商的注意，因為它的主題與表現技法在法國童書來說都是比較罕見的。在書展上，我們遇見若干思想較為保守的家長不喜歡這一本書，也不樂見小孩碰這一本書，因為「故事太悲傷」。殊不知小孩子看公主王子的故事，也有看膩的一天。不同情緒的呈現與想像，也是陪伴他們成長的精神養分。

另外，這個讀法也反應了不同文化的溝通與了解過程中，所不可避免的誤解：許地山描寫的，並不是人生的敗壞與頹喪，而是一種柔中帶剛的生命力，一種尊嚴與美麗。

可喜的是，《愛流汐漲》法文繪本圖文編輯的品質，讓很多不熟悉東方文化的大小讀者直覺地領略到這一點，用珍惜的心情把這一本書帶回家去。我想，他們的書櫃裡應該很難找到第二本這樣的書罷。

好的作者和繪者的第二個條件是：除了才華還要自我鍛煉，培養功力。圖文創作者並非每一次提筆都信手拈來，水到渠成。很多插畫家在成為專業創作者之後仍然隨身攜帶畫筆，不管是什麼場合都可以畫進寫生簿，這是我所要提出的「鍛煉」的觀念。

有一句話說「十八般武藝」，又說「基本功」。並非人人都要十項全能，有些人只會一項技能，如果能做到世界第一，那也非常了不起。但是不管在哪一項領域努力，鍛煉都是不可少的。有一些專業技能可能用到的機會不多，它仍是養成過程中不可輕忽的步驟，因為當你需要用它的時候，臨時去學，學不來也學不好。

如果拿音樂作比喻，聲樂家有不同的音域，男高音有男高音的音域，女低音有女低音的音域。沒有人能夠從男低音唱到女高音，不過在他的音域裡他必須要鍛煉自己的聲音，一個人音色好但是音域窄，能夠交給他詮釋的曲目自然少。有些曲目需要音域廣、肺活量足的聲樂家去詮釋，那麼有才華又有鍛煉的聲樂家，就比較容易得到重用機會。

不同的圖文作者各有其擅長的主題和表現方式，這是他特色的一部分。當出版社收到一篇好的文字作品，編輯必須仔細衡量它的趣味、張力與強度，如果它與某繪者的趣味、張力與強度都相當，便可以考慮讓繪者讀這一篇文字，讓他為整個故事創作插畫。

一篇故事的主調可能是輕鬆詼諧，充滿冥想詩意或者高潮迭起，冒險刺激。它也可能是令人又哭又笑的悲喜劇。一篇故事如果要在成千上萬的書海裡脫穎而出，打動讀者，需要編輯扮演調音師的角色，為作品定調：文字和插畫需要同波長有共鳴，它們也必須和讀者同波長有共鳴。

編輯需要告訴圖文作者，這裡快一些，那裡慢一些，這裡需要多一些溫度，那裡需要少一些亮度。這，有功力的創作者可以配合得來，沒有功力的創作者配合不來。經常勤練武功的創作者可以很快地調整做法，舉重若輕，完成的成品超乎編輯的期待。沒有備而不用的武功的創作者，需要舉五斤的地方他只舉得三斤，做起來會覺得很吃力，也會覺得編輯在找他麻煩，但其實不是。在創作一本書的過程中，作者和編輯交換意見、修改圖文是正常的現象，但是因找不到敘事的立足點而一改再改，則不是創作的常態。這顯示了很可能當初彼此選錯了人。

作者尋找出版社合作出書時需要花費很多心血。而一旦找到合適又願意合作的出版社，他應該放心讓出版社發揮專業，把一本書編輯到比他想像的還要好。

有一位作者寫了一篇故事投稿給鴻飛，她對圖畫感覺很敏銳，但是沒有插畫的訓練與功力，我們便著手尋找適合的繪者來參與創作。她不停地給我一串插畫家的名字，像是在上餐館選菜單，因為她覺得這些繪者的插畫風格符合文字的氣質。

表面上她似乎在幫助我，實際上我很快地嗅到越俎代庖的氣氛。藝術指導不是她想的那樣。藝術指導不只讀某個作者的文字，他還讀很多不同作家的文字，這讓他得以用獵鷹似的眼睛看穿文字背後的深層力量。這些力量該用什麼方式和繪者與讀者產生交會？作者本身不見得是最清楚的人。

藝術指導找繪者，不是把他當成作者雙手的延伸。他必須尋找力量相當、音域適合而且音域夠廣的繪者，讓他讀文字。如果確定繪者能讀懂文字，藝術指導會放手讓他自由運用創造力去詮釋文字，而不是處處干預他，要求他取悅文字作者。如果繪者自我設限或受作者限制，不淋漓盡致發揮創作者的能量，我會感到不滿：我找他是要他自我挑戰，畫出能感動自己和別人的作品，而不是在交作業。

藝術指導的第二個責任：幫助創作者超越自我

出版社的編輯或許可以幫助作者把平庸的構想變成佳作，但是他最大的用處是**幫助作者把佳作變成傑作**。

創作不能安於平庸，創作講究卓越。創作者的價值來自於他的特色。特色是創作者用一生的時間去追求的東西。特色為什麼重要？因為它是邁向傑作的路徑。沒有特色，便不成傑作。創作者發展獨特的觀察世界、描繪世界的方式，耕耘十年、二十年，作品經過積澱而成熟有特色，人們會捧著錢來請他繼續「做他自己」。他只要做好自己，把自己最好的一面發揮出來，那就是他的價值所在。人們是不會捧著錢去請一個沒有特色的人做他自己的。

藝術指導和創作者一樣，要能看見還不存在的東西，把它勾畫出來，讓雙方了解前進的方向，並用熱情把自己最好的一部分貢獻出來。

藝術指導和創作者必須有共通的語言，才能在一起工作。我在建築學院學習到這一個語言，它是設計的語言，也是創作的語言。一塊空地，一開始什麼都沒有，建築師根據業主的客觀需要和主觀期待，想像一棟建築物，想像從哪個地方走近建築物，如何穿越它。這是所謂的「動線」，人體移動的路線。我還不知道這裡應該鋪設階梯還是斜坡，應該鋪木地板還是大理石地磚，但是我知道應該讓使用者從A點移動到B點，沿途空間有寬窄有明暗有高低，形成一個完整美妙的體驗。

再比如說「屏蔽」：我知道這裡要區隔兩個空間，但不表示一定要砌一座牆。它可以是屏風，半透明或全透明的玻璃牆，及腰的或達天花板的書櫃等。

在計劃初始，各種不同的可能性是開放的。通過一步一步檢驗抓穩大原則後，才能有條理地設計各個細部空間。如果一開始就選擇浴室地磚的材料和顏色，結果動線卻是亂無章法，讓人走進屋子不知道下一步往哪裡走，這不是一個專業的建築師該做的事。

這個循次漸進的創作方式，可以透過「分鏡圖」（chemin de fer）應用在童書繪本創作領域。分鏡圖是一系列的草圖。編輯和圖文作者對於故事要怎麼講、每個圖畫的大小與構圖會有各自初步的想法，要透過分鏡圖來溝通，檢驗文字和圖畫的位置和內容是否相襯。

但是藝術指導的功能不只是被動地檢查書頁哪裡可以放文字，他透過分鏡圖，預先看到圖畫敘事的弱點與應該加強的地方，提醒作者和繪者。正常的情況下，這些弱點的數量不會太多，而且經過我的提醒之後，創作者會主動去思考，尋找屬於他的新表達方式，不需要我告訴他怎麼做。當他找到了解決方式，他會很高興也會有成就感，因為這創作來自於他。

《妙畫代良醫》原來故事可以這樣說

Yin la Jalouse
圖：波碧（Bobi + Bobi） 文：沈起鳳

清朝文人沈起鳳寫了一本筆記小說《諧鐸》，收錄了百餘篇故事，其中〈鮫奴〉篇詳盡地交待了唐朝詩人李商隱〈錦瑟〉詩「滄海月明珠有淚」的浪漫典故。除了這一篇之外，我們另選了〈虎癡〉和〈妙畫代良醫〉，邀請三位法國插畫家進行創作，編成三本給高年級生讀的繪本，在二〇〇九年出版。

製作這些書的時候，鴻飛成立不到兩年，大部分的插畫家是我們主動聯絡、提議合作的，包括波碧。她是個畫家，曾為某法國詩人配圖，但從來沒有畫過童書繪本。她的化名重覆兩次Bobi，原因是她擅長使用兩種不同的技法：硬筆與壓克力顏料。我和黎雅格喜歡她筆下的人物與氛圍，而由於《妙畫代良醫》的故事有畫中畫的情節，可以讓有雙重技法的波碧盡情發揮，我便把故事用法文寫下來交給她讀。

故事是這樣說的：潘琬長得一表人才，他的妻子尹非常美艷也非常好妒。可潘琬中規中矩，不僅不在外拈花惹草，還為尹在別墅花園裡種滿美麗的海棠。可惜潘琬得病去世，尹日漸憔悴。這一天，她一個人去別墅看到滿園的海棠，觸景生情，回家後一病不起。

尹有個表弟叫做慧生，特別會作畫。他看到表姊傷心欲絕的模樣，認為心病得靠心藥醫，便畫了好幾幅一個貌似潘琬的男子與一群女子尋歡

S'appuyant sur la balustrade, Yin contemple les bégonias en fleur. Bercés par la brise, ils semblent sourire dans leur splendeur. Où sont les mains qui hier les cueillaient avec tant d'amour ? Quelle souffrance d'être assaillie de la sorte par de si doux souvenirs !

Rentrée chez elle, Yin tombe malade à son tour et semble vouloir quitter cette vie.

作樂的景象給尹看。尹的嫉妒心發作，想死的念頭一下子煙消雲散，胃口大開，不到半個月就完全康復，還不忘叫人把花園裡的海棠全都砍倒，一棵也不留。

這個浸潤了東方哲理的故事人物單純，情節發展出人意表，看似嚴肅實則幽默。波碧很快就理解整個敘事的趣味，從分鏡圖可以看到她筆下的人物造型與場景入情入理，充滿說服力。

她在第七號圖裡，畫了尹在潘生去世後獨自站在陽臺前睹物傷情的景況；接著第八號圖，慧生表弟第一次上場，波碧在畫面上放了一些畫具，告訴讀者他是個畫家。這個構圖讓我覺得不到位，我請波碧重新想像一個場景。新版的第八號圖，畫了一個手插口袋的慧生站在同一個陽臺上：他透過尹所看到的海棠花海，悟出該怎樣做

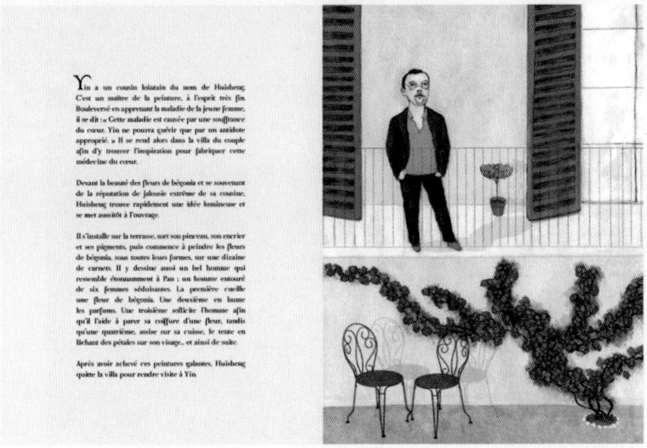

才能配出她所需要的「心藥」。在這一幕裡，畫具不是不可或缺的道具，因為文字已經說了慧生是個畫家。既然要畫慧生，那就畫他有別於一般畫匠的地方：他懂得觀察，懂得人心。

波碧透過重覆出現的陽臺場景，以四兩撥千斤的手法處理這一個段落，讓這一篇獨到的故事，變成一本獨到的繪本，也讓小讀者打開了眼界：原來，故事可以這樣說。

要幫助創作者超越自我，有一條路徑：邀請他透過圖文，講一個對他有特殊意義的故事。

除了極少數很出名很成功的作家與插畫家之外，大部分童書創作者的版稅收入不多而且不穩定，所以需要接一些糊口的案子或者兼差做另一份工作。

創作者有很多故事要說，但他們也知道人一生年光有限，因此總希望在還能創作的時候，把想講的故事好好講完。出版社如果能找到管道去傾聽、去了解作者最關心的主題與最想說的故事，而且如果能把這個故事編輯成一本故事書，那麼他可以確定作者會奉獻出他最好的一部分，不計代價去完成它。這個動能和金錢酬勞所帶來的動能很不一樣。如果一個出版社能集結類似「作者不說就不放心去死」的故事，也會成為它的特色之一。相反地，如果出版社沒有這樣的書，那麼所出版的書再怎麼多，再怎麼琳琅滿目，再如何暢銷，也是沒有靈魂的書目。

童書繪者
克蕾夢絲・波列（Clémence Pollet）
談插畫創作經驗

Q1 您如何成為童書插畫作者？

插畫創作對我來說不是一個突然的選擇，而是經過長期醞釀之後才成為一條理所當然的路。當我還是個小孩子的時候，我就沒讓畫筆閒著。不管在哪裡，在什麼時候，我都可以畫。我高中讀的是數理類組但是並沒有在科學領域鑽研的打算。我想，結合科學與繪畫應該是很有趣的事，但那會是什麼行業？

隨後，我在巴黎的塞佛爾工作室（Ateliers de Sèvres）待了一年，了解視覺創作才是我的路，在隔年申請進入艾斯田藝術學校（l'école Estienne），整整兩年的時間浸潤在圖像的世界裡，寫生簿也佈滿密密麻麻的速寫。這個學校重視創意，但是對學生的要求也很嚴謹，我在那裡認識了和圖書有關的各種行業，並且學習拓印技法與電腦繪圖板的用法。

這個過程使我決定專注於插畫創作，發展自己的語彙，進而在蒙特羅和波隆納書展得到肯定。我開始注意童書插畫領域傑出的創作者，並且在教授的鼓勵之下，認識出版社的編輯。他們欣賞我的創作，給了我申請進入史特拉斯堡裝飾藝術學校的動力，探索文圖搭配的奧妙。我以交換學生的身份，在波隆納進一步鍛煉蝕刻與拓印的技法。

二〇〇八年，我還沒有從學校畢業就接到出版社的邀約，以《飄散的髮》（*L'ébouriffée*）為題進行圖文創作，並獲得蒙特羅童書展的處女作獎。這個作品讓我得以自我定位為童書插畫創作者。在那之前我經常從古典文學中尋找文本來創作圖畫，並不在意讀

處女作L'ébouriffée 書影。
（L'ébouriffée © Le Rouergue, 2009）

者是成人還是兒童。

為兒童做插畫的經驗，不只讓我見識到製作一本書的所有流程，更讓我得以從一些美術界約定俗成的規範解放出來，尤其是關於兒童的各種想像。從那時候起，童書領域的豐富與多樣化便一直吸引我的目光，令人驚嘆的創意俯拾即是。在書的世界裡沒有什麼是不可能的，自由凌駕一切。我不讓自己閉鎖在世俗認可的風格裡，盡量讓自己的創意與兒童的想像一起震盪共鳴。

Q2 您如何透過各個計劃的主題、技法、人物造型與情境來發展自己的獨特性？

我並沒有刻意標榜自己和其他插畫家的差異。圖畫創作是非常個人的活動，憑藉的是個人內心特有的元素。話說回來，我們可以在眾多插畫家當中觀察到，某些人有相近的主題或引用的典故。這個現象造就了插畫世代傳承的特性。一個成熟的插畫家可以不自外於他的世代，卻又充分展現他的特色。

我的圖像世界反映了我上過的兩所插畫學校給我的影響，也來自於我的品味、邂逅與旅行，我的見聞、閱讀和感動都給我的圖畫帶來滋養，每一個新的美感經驗都讓我的眼光更為銳利。如果沒有這些外來的刺激，我的想像會枯竭，在原地打轉。古希臘的陶瓶、波斯的細密圖畫、義大利文藝復興的壁畫，十九世紀的彩色平板印刷術和當代克里斯·威爾（Chris Ware）的漫畫，這些作品的構圖和色彩都成為我個人創作的原料。

簡單來說，我筆下的人物是我的想像世界的居民。我設想的場景有時候是沙漠，有時候是枝葉繁茂的熱帶林，裡面的孩童戴著面具玩著把戲，也常常可以看到動物的身影，現實和想像之間的界限模糊了，帶來似假亦真的趣味。我喜歡從作家的作品裡（包括伏爾泰和考克多）翻出有意思的篇章，做另類詮釋。

如果是出版社邀約的命題創作，我會嘗試維護自己圖畫裡接近夢境的成分，以輕快的態度翻轉作者的語義，另尋新意，創造新的閱讀的可能。這也幫助我針對某個文字選擇特定的表現技法，例如以拓印方式完成的《木蘭辭》和《渡河》，增添畫面的躍動感。每一個計劃對我來說都是嘗試新工具、更新創作方式、自我突破的機會。即使我參與的書形式很多樣化，我的創作意圖是一貫的：我提供給讀者的圖畫必須能夠激發他們的想像力。

Q3 您能否描述您和不同出版社的編輯與藝術指導溝通的過程？

每一本書，我都是和出版社的編輯攜手完成。他們全程陪伴我進行創作，甚至到書完成之後也持續關切。到目前為止，我每一本書都是來自於出版社的邀稿，往往等書出版了之後才在書展上初次見到文字作者。鴻飛出版社的葉俊良是例外，因為他不僅是作者也是編輯。

和我合作的出版社大概有十家，作品類型各不相同，包括經典童話或當代寓言、童謠、詩歌、參考書……，創作流程則是大同小異。計劃一開始得先決定預算和日程，然後選擇版式、用紙、篇幅、文字分段，乃至於分鏡圖。最後這一步驟是關鍵，因為一本書的精神全透過它而到位：視覺語言的選擇、構圖與圖文關係。我和編輯的溝通很頻繁：我所提出的分鏡圖很少一次就ＯＫ，我的草圖也可能沒有完整地抓到重點，編輯幫助我自我超越，尋找最恰當的表現形式。

我的編輯給我很大的自由發揮的空間，讓我自由地選擇最適當的技法。《木蘭辭》是個例外：鴻飛出版社建議我採用拓印的方式來創作，我認為這是個很好的主意，這也是我第一次用拓印的技法完成一本童書的插畫。

圖畫完成之後，美術編輯、校對、製版公司和印刷廠陸續上場。出版社的編輯指揮他們協力合作，也會定時通知我整個演進過程。我喜歡看美術編輯如何處理我的圖畫，在選擇字體和排版的時候給予意見。我不直接參與製版的過程，不過編輯會寄給我定稿的電子檔或數位樣，讓我確認滿意了之後才把檔案寄去印刷廠。收到成書的那一刻總是特別令人興奮，因為好幾個月的工作在瞬時變成一個可以握在手中的物品。

書出版了之後，並不意味我和出版社的關係到此結束，因為圖文作者和編輯常常會一起出席書展、畫展、見面會和工作室等各種場合，向讀者介紹我們共同的創作。隨著不同計劃的累積，插畫家和出版社對彼此專業的尊重轉化為深沉的信任感。我很幸運，一些和我合作過的出版社都持續關心我的創作並給我鼓勵，尤其是鴻飛出版社的黎雅格和葉俊良，我在二〇一〇年認識他們的時候才剛從學校畢業，現在正要開始合作第五本書。

第 5 章

為法國童書讀者開一扇窗

我們可以透過童書，
促成大人和小孩之間一個水平的分享：
分享面對世界的無限驚奇。

我們在上一章看到：編輯需要和對的創作者合作，否則他的專業能力沒有發揮的餘地。同樣的邏輯適用在讀者這一端。如果讀者沒有基本的鑑賞能力，那麼編輯辛辛苦苦和作者一起創造出來的好書就沒有人買。所以出版社透過發行人和讀者維持良好的聯繫是很重要的。在大出版社裡，編輯和發行可以由不同的人來負責，在小出版社則是由編輯兼任發行人的工作。

唐朝詩人賈島曾寫下這麼一首詩：「松下問童子，言師採藥去。只在此山中，雲深不知處。」對於習慣這種表現方式的華人來說，這二十個字已經包含了人物、場景和情節，其指涉的經驗與意境鮮明獨特，以至於一千多年後人們繼續傳頌。但是，對於西方讀者來說，這一段文字和他所習慣的「故事」形式相差很大，他可以在好奇心的帶領下，借助高明的插圖進入這個不熟悉的情境，也可以別過頭去，認為什麼事都沒有發生。這是從事跨文化編輯與出版的難處，也是挑戰。

出版社的編輯在一般的情況下，不太能夠選擇要有什麼樣的讀者，但可以在某種程度上長期配合閱讀環境裡其他的夥伴，引導讀者的品味。在讀者村之中有一群特別的人，稱為導讀人士。導讀人看見並喜愛一本書，他會告訴很多人，建議他們去看、去買。所以跟在一個導讀人背後買書的可能有數十人、數百人、數千人甚至數十萬人。導讀人士們像是槓桿，使一斤的力量可以舉起十斤或百斤。

讀者村住著導讀人

導讀人士可以粗略分為兩類。第一類是和圖書買賣有關的人，包括發行商和書店。出版社委託發行商賣書給書店，書店賣書給家長等散客或圖書館。發行商的業務員必須把出版社與他責任區內各家書店的屬性摸得一清二楚，才能把對的書放到對的書店裡，讓終端讀者去選購。發行商和書店要有業績，他挑選的書就必須是顧客會喜歡的書。

書店和發行商對大眾的閱讀口味感覺必須很敏銳，他們推薦的書既要符合多數人的期待，又要有點與眾不同，這樣才有賣點。當然，如果他們自己喜歡這些書，那麼賣起書來會更有說服力。

一九八一年，法國文化部長賈克・朗（Jack Lang）設立圖書單一定價制度，新書的售價由出版社訂定，任何書店都不得以低於九五折的價格出售，其用意在於保護獨立書店，讓它們不至於淪為

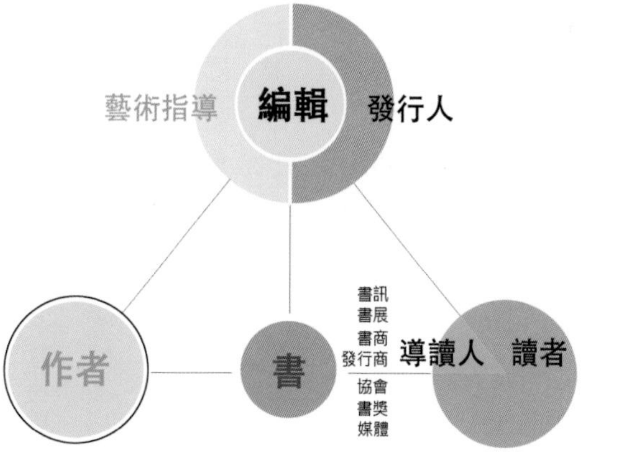

© HongFei 2016

大書店或大賣場規模經濟下的犧牲品。事實證明這是一項有遠見的政策：當英國和美國的獨立書店紛紛倒閉之際，法國的獨立書店彷彿挨過寒冬、在春天冒出的新芽。不去沒有特色的大賣場買書的人畢竟還是有很多。這是鴻飛賣書的環境。

第二類導讀人士是和圖書買賣沒有關係的人，當他推薦一本書的時候，並不會因為書賣得好而從中得到好處。這個推薦好書的工作可以很專業，也有單純的圖書愛好者以業餘的方式分享他們心目中的好書。一般而言，如果導讀人不仔細看書，常常寫一些膚淺、對讀者起不到指點的作用、甚至誤導讀者的書評，那麼願意聽他介紹新書的讀者會越來越少。如果出版社推出一本重要的好書，導讀人沒有注意到，也沒有推薦，這也有損他的公信力。所以，當導讀人寫書評並不是輕鬆的差事。

法國於二十世紀六〇年代起，便有專門研究繪本文學的圖書館和導讀團體。當時法國從二次大戰的陰影走出來，各項建設突飛猛進，人口往大都市集中，很多人從老舊房子搬進寬敞明亮又有衛浴設備的現代化集合住宅。這些社區有很多兒童與青少年，卻沒有配套的設施提供文化、娛樂、教育等活動。與此同時，來自法國東部阿爾薩斯省的安・施倫柏格女士（Anne Schlumberger）繼承了家族的文化資產與財富，在美國看見圖書館對社區孩童日常生活的重要性。回到法國後，起了在巴黎近郊克拉瑪興建一座社區圖書館的想法。

造型前衛的小圓圖書館在一九六五年啟用，所有的建造與營運經費由安女士一肩扛下，過了十八年才由市政府接收，繼續為讀者服務。近四十年期間，小圓圖書館以「全國兒童圖書中心」之名，為國內外兒童文學與圖書館專業人員定期舉辦研討會，並出版名為《童書縱覽》（*La revue des Livres pour enfants*）的期刊。二〇〇八年，全國兒童圖書中心與期刊成為法國國家圖書館編制的一部分，並於每年出版一輯特刊，介紹該中心的年度選書。兒童文學中心每年收到出版社寄來的童書約一萬種（包括啟蒙書、圖畫故事書、參考書、漫畫、青少年小說等），年末的特刊精選八百冊介紹給專業人士，以便反映童書界「**旺盛多元的創造力。這些書不是單純的消費性商品，而是能夠激發好奇心與批判力、給人感動與歡笑、活化想像力的作品。**」（Editon° 261，二〇一一年十一月）

對於出版社來說，這兩類的導讀人都很重要。後者對一本書、一個作者、一個書系或一家出版社的書目下評論的時候，他沒有義務要討好誰，書本身是否能與他的價值觀產生共鳴，便成了書是否受到推薦的決定性因素。

窗戶和鏡子

有幾本小時候讀過的書給我留下特別深刻的印象。它們有些是故事書，有些是少年科學知識或漢字起源之類的參考書。對我來說它們像是一扇開向世界的窗戶，幫助我拓展經驗，改變自我。上大學時，我所研讀的西方作家對人物內心細膩的描寫，也像是一

《並不會很複雜》（Ce n'est pas très compliqué），圖文：薩繆爾．利伯洪(Samuel Ribeyron)。

扇開向人性風景的窗戶，令我著迷，這個印象一直維持到現在。

我成為出版社的編輯與發行人之後才發現：對很多人來說，書不一定是面向未知、朝著廣大世界打開的窗戶。它更常像是一面鏡子。同樣一本書，不同的人會看到不同的寓意和內容，因為讀者本身的經驗和想望左右了他所領略的思想和情感。讀者透過書檢驗他對自己與對世界的認知，所以也會很自然地接近那些反映了自己的形象、提供一個他可以認同的世界觀的書。

這兩種看待書的方式，並無絕對的高低優劣的分別，它們常常同時存在，也提供給出版社的發行人一個理解讀者選書邏輯的路徑，尤其是在童書領域，因為選童書、買童書的是大人，大人透過書和小朋友分享他所認同的世界觀，我們經常把這個垂直的分享稱為「傳承」。所謂的教養書，包括故事書或科學類的書，多是大人認可的「鏡書」。

在法國眾多鏡書之中，某些童書教導兒童認識世界，包括中國與中華文化。這些有關中華文化的童書的功能還是在傳承。傳承什麼？傳承上一代法國人看待世界其他地區時，所採用的文化本位主義。

法國童書市場裡，和中華文化有關的原創書或翻譯書種類很多，包括漫畫和小說。如果只談給小學生讀的圖畫故事書，可以歸納出三種主要類型：

第一，某些出版社基於商業考量，賣給讀者他們心目中的中國意象，它們通常是美化了與簡化了的意象，故事裡的人物普遍平面化，缺乏深度與說服力。

第二，另一些出版社將所有華人共享的歷史文化介紹到法國，但是在選題、設計和編排上，如果沒有特別用心和法國文化作聯結，還是會被排拒在主流讀物的範圍之外。對於法國家長來說，「每個華人都知曉的故事」並不構成他買書的理由。

第三，華人原創作品的能見度漸漸提高，但如果不具備過人原創力或者與法國讀者胃口銜接不夠緊密，在法國童書界仍難以擺脫被邊緣化的命運。

在這個閱讀環境之下，如果不想出版一些消費中華文化的鏡書，該要如何操作？鴻飛文化不得不透過一次次的嘗試，鍛煉出跨文化圖文創作的實力，並將它擴大為探索人我關係與易位思考的生活哲學。

我們為法國童書讀者開一扇窗，用意不在告訴他們什麼才是真正的中國、誰才是真正的華人，而是帶給讀者一個和來自「異文化」的人相處的機會與經驗。這個來自「異文化」的人，可以是華人作者，也可以是街上或學校裡一個和自己不一樣的人。我們希望透過童書促成大人和小孩之間一個水平的分享：分享面對世界的無盡驚奇。

這一扇窗戶，我們首先為法國繪者打開。他們是華人作家的第一個讀者。他們感觸敏銳，並且能使用法國人熟悉的視覺語言去「傳譯」他們閱讀的感受。他們受感動之後所完成的創作才能夠感動繪本讀者。被感動的大人所傳承給小朋友的，是一份願意被世界感動、無所畏懼的赤子之心。

鴻飛文化的特色之一在於它和讀者的關係。我們期許自己出版的書為法國讀者打開一扇窗，讓讀者的精神生活更開闊，高昇而且曠遠。我舉其中兩個具體的例子，其一是書末導讀，其二是鴻飛書訊。

書末導讀和鴻飛書訊

除了邀請法國繪者詮釋華人作家的文字，東西文化差異以另一種方式豐富了鴻飛繪本的內涵，那就是書末的導讀。鴻飛最早幾本書出版後，有一些讀者在書展上與我們交談，除了分享感動，也經常提問，因為他們想要確認自己是否完整地讀懂了來自另一個文化圈的作者所要傳達的深意。後來，我們在書還沒有出版之前就主動點出可能會給法國讀者帶來困惑的觀念或情節，在書末做提示，提早一步化解疑慮，讓大人充滿信心地與小朋友分享這些來自遠方的故事。

《安的種子》

La Graine du Petit Moine

圖：黃麗　文：王早早／中文初版：海燕出版社（中國）

在一個古老寺院裡，師父給三個小和尚本、靜、安，每人一顆千年蓮花的種子，要他們種出花來。三個小和尚因其個性不同，各自想辦法嘗試完成這一件事。這個故事的主題和結構與法國讀者熟悉的童話原型很契合：透過不同路徑的嘗試，獲取經驗與智慧並加以傳授。但是《安的種子》在同一類型的圖畫故事書中更勝一籌。

關於故事本身，不管是在中國還是法國，其他同類型的品德故事，傾向於把不同的人生路徑簡化為好壞優劣顯而易見

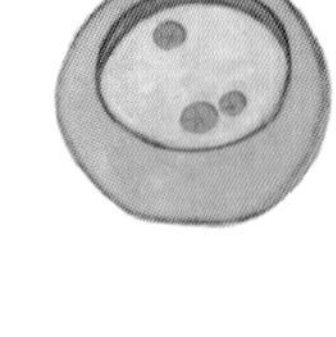

De la graine de Jing poussent des germes. Jing les protège comme le plus précieux des trésors, en les plaçant sous une cloche en or.

的「道德」行為選擇，比如說勤勞與懶惰、誠實與欺騙等。《安的種子》呈現的卻是三種不同的「個性」，它不硬性灌輸給兒童既定的價值觀，而是引導他去理解、去看見人不同的個性組合以及其衍生的具體結果。

法國讀者聽到這個故事，看到本很性急，第一個反應是可以讓小朋友了解耐性的重要。可是靜也很有耐心，阻礙他順利種出花的原因又是什麼？……照這樣追問下去，讀者會發現這故事表面看來很簡單，其實富含深刻的哲理。本與靜的個性有一個共同點：它沒有達到佛家追求的「無我」的境界，但是這個故事不是把「無我」當成道德在宣揚，而是為讀者指出一條幫助自己安身立命的可行路徑。但這個故事精彩的地方還不只此：安在春天播下種子，蓮花在夏天綻放，讓讀者具體領略萬物有「時」這個華人文化的核心概念，所以它講的不只是耐心，而是進一步點明人和世間萬物生息相連的共同存在的意識。

透過童話故事講好這些淳厚的人生智慧，在華人文化圈已數難得，在西方國家更是前所未見。這一本書法文版書末導讀的功能也因而特別突出：讀這一本兒童圖畫書的法國人大部分不是中國通或漢學家，但是他們完全可以理解和贊同，因為這個故事的意義與美感早已超出華人文化圈的範圍，走向世界，走入崇尚個人主義、強調自我的西方社會。

Un jour en plein été,
baignant dans la lumière matinale,
une fleur de lotus de mille ans s'épanouit délicatement.

我看過某法國出版社翻譯一部得獎的華文作品，書末的導讀直接把評審的評語翻譯成法文，這會給法國讀者「你以為我自己讀不懂」的負面觀感，是極需要避免的，我們寫導讀的前提是以讀者的文化與經驗為出發點，把理解東方文本的鎖鑰遞到他的手中。這樣他不僅不會排斥，還會心生感激。書末導讀不應該畫蛇添足，而是要畫龍點睛。

鴻飛透過故事和讀者分享的，是一種有別於法國主流文化的精神底蘊，但媒體只報導有新聞性的時事。在這個情況下，如何不靠逐年換季的流行，長期留住讀者的心？我們透過書展和見面會與讀者作交流，刺激自己思考文化差異對童書創作與閱讀的滋養，並且經常性地撰寫短文刊載在部落格，在二〇一二年鴻飛成立滿五周年的時候，印成一本小冊子發送給專業人士。

從二〇一三年起我們改變做法，每六個月發行一期免費書訊。書訊不是稀奇的東西，很多出版社都有，但鴻飛書訊 *CuiCui!* 有一個特色：它在第一頁配合時事，闡釋社會思潮與

La Gazette des éditions HongFei Cultures

CuiCui !

N°6 automne 2015

la transformation
Clémence Pollet
Pierre Cornuel
Mélusine Thiry
Brèves

L'homme libre choisit la voie de sa transformation.

L'identité n'est pas « rester ce qu'on a été », mais être créateur de ce qu'on devient.

À la rentrée, HongFei publie quatre nouveautés dont deux mettent en avant une figure emblématique de la culture populaire chinoise. La première, Mulan, est familière au public français à travers les nombreuses adaptations romancées de son histoire. La seconde, Zhou Chu le Héros, est inconnue en France. La proximité – fortuite – des dates de parution de ces deux titres nous incite à les lire ensemble d'autant qu'ils s'articulent tous deux autour notamment d'une problématique commune et quasi « obsessionnelle » pour notre société contemporaine : l'identité.

Qui est Mulan ?

Mulan apprenant que son père âgé est appelé à la guerre s'engage à sa place. Douze ans plus tard, elle revient auprès des siens, sans demander d'autre faveur au souverain pour le service rendu. Ayant connu l'éloignement, elle retrouve ses proches avec bonheur. Si ce n'était la révélation finale de son sexe, inattendue pour ses compagnons d'armes qui la croyaient homme, rien ne la distinguerait d'un autre vaillant soldat fidèle aux siens.

花木蘭

L'image de Mulan a largement été brouillée par de multiples adaptations qui, au travers des intrigues amoureuses conformistes, ont toujours veillé à nous rassurer sur le sexe de l'héroïne et finalement son identité. Au contraire, *la Ballade de Mulan*, publiée aux éditions HongFei, fidèle au texte source du IVe siècle, invite à connaître ce personnage tel qu'il fut d'abord perçu par les Chinois, sans souci d'identité ou de genre.

La grande et belle fluidité du texte manifeste précisément l'idée principale véhiculée par ce récit : la traversée peu banale qu'effectue Mulan, tant du point de vue de son existence sociale que personnelle, est admirable. Le fait d'être femme ne l'a pas empêchée d'engager un destin militaire et ce destin choisi ne l'en a pas fait moins femme. En elle, et à travers son odyssée, on reconnaît l'incarnation d'un potentiel humain et le parcours d'un être essentiellement libre.

Qui est Zhou Chu ?

Le jeune Chu, bagarreur, n'était pas un héros : avec un tigre et un poisson monstrueux, il figurait même parmi les « trois fléaux » nuisant aux hommes des environs. L'un d'eux flattant sa vanité, l'incita à combattre les deux bêtes fauves. Comme il ne reparut pas, tous le crurent mort avec les monstres et fêtèrent la vie paisible retrouvée. Mais Chu revint. Il découvrit ainsi, humilié, la détestation que lui vouaient les villageois.

Zhou Chu comprend alors que rien ne l'oblige à rester ce qu'il est et à répéter ses erreurs : il se fait disciple de grands sages pour se transformer avant de devenir un homme respecté de tous. Son choix propre et libre d'affronter le troisième fléau (Chu l'arrogant et le brutal) est apprécié des Chinois comme une manifestation de la capacité de tout homme à diriger ses actions, à maîtriser sa propre évolution et à choisir de s'élever moralement et spirituellement.

L'identité individuelle n'est pas donnée et ne se perd pas. Elle se crée dans une transformation permanente et en continuation.

Depuis quelques années, en France, faute d'outils conceptuels adaptés ou activés, les interrogations sur l'identité enferment les esprits dans une double logique de sclérose et d'exclusion. C'est qu'on ne dit pas assez qu'*être ce qu'on devient* n'est pas antinomique d'une individualité singulière et heureuse. Ni que ce qu'on devient n'est pas fatal à ce qu'on a été. Changer n'est pas une menace ; c'est le résultat naturel de notre cheminement dans la vie.

La Ballade de Mulan, couverture sous jaquette. Ill. Clémence Pollet

Plus sûrement que dans le rappel impérieux et incessant à *être ce qu'on a été*, notre vie éclôt dans cette transformation permanente qu'on épouse et par laquelle on se crée librement et en continuité. La continuation, Mulan la trouve dans sa féminité jamais discutée au point qu'il n'est pas utile, dans l'histoire originelle, de la prouver ni de s'assurer qu'elle n'est pas affectée par le choix libre de l'héroïne d'agir comme un vaillant soldat. De son côté, Zhou Chu connaît une transformation qui, comme l'hiver devient printemps, lui permet d'accéder à une nouvelle existence sans que se produise au sein de ce déroulement une faille où sombrerait son « être ». L'exemple de ces deux êtres qui s'accomplissent dans le flux de l'existence qu'ils réalisent montre a contrario toute la limite de l'idée même d'« identité » et, en tous les cas, de sa conception étroite finalement synonyme d'enfermement ou, pire, d'isolement.

Loïc Jacob & Chun-Liang Yeh
septembre 2015

La Ballade de Mulan
texte source IVe siècle, traduit par Chun-Liang Yeh, illustré par Clémence Pollet

Le Héros
adaptation et illustration par Pierre Cornuel d'un texte chinois

La Ballade de Mulan

鴻飛書訊第六期首頁

當季較具有代表性的鴻飛新書之間的聯結。這個做法的用意不在於自告奮勇、扮演法國社會意見領袖的角色，而是透過實例，讓讀者看見他所讀的書並非不食人間煙火的童話故事。只要懂得讀，即便是童書也能夠幫助我們用穩健步伐走過不安定的年代，用開放與平和的心走向未來。

由下而上尋求認同

童書承載了相當敏感的文化內涵，包含成人希望傳承給下一代的知識和價值，也就是世界觀。二三十年前的法國是個相對均質的社會，每個人都有言論自由但只有少數人說話夠大聲，讓所有的人都聽得見，形成所謂的主流或共識。隨著網路與媒體的發展，言論市場在某個程度上重新洗牌，社會上有呼籲改變的聲音，也有抗拒改變的力量。

法國大眾傳播媒體裡的中國形象，提供了一個具體觀察的事例。中國在經濟改革開放後，社會發生很大的改變，從西方人的角度來看二〇〇〇年之後的改變幅度更大，速度更快，同時也產生很多問題。法國媒體和世界其他國家的媒體一樣，經常作選擇性的報導，沿用自己過去在全球政治和經濟版圖上的強勢立場去下評論。我們在書展上偶爾會遇見在中國旅行或生活過的法國人，他們看到鴻飛的書，往往情不自禁地告訴我們：這是媒體不報導的中國，也是他們所認識的實際的中國。他們認同鴻飛為讀者開一扇窗的出版哲學。

在這個由下而上尋求認同的過程中，我們特別感謝一些感覺敏銳的作者和繪者：他們比其他人都早一步看見鴻飛的書，了解鴻飛是有理想的出版社。有些知名的創作者欣然接受我們的邀約參與計劃，有些則主動投稿，很自然地把喜愛他們作品的導讀人士的眼光吸引到鴻飛的書目上。我們感謝這些有經驗、有眼光的作者幫我們背書，讓鴻飛被讀者肯定的時間比想像中要快一些。

數年前里昂師範大學兒童文學 *Li & Je* 期刊對鴻飛出版理念的讚譽，就是來自於這樣一個從陌生到認同的正向過程。

「作為跨文化的創作者，鴻飛在童書領域促成中華文化和法國文化的相遇，其具體的做法是編選古典與現代華文作家的作品，邀請法國的插畫家創造一個圖像世界。而從更廣大的層面來看，他們支持所有激發讀者對未知事物的好奇心、讓未知不再是焦慮的同義詞、而是代表了通向美麗與自由的新路徑的優質圖書。

在當前國際政治和經濟矛盾走向尖銳化的時刻，這個出版藍圖好似空谷跫音。歐洲甚至整個西方世界的媒體在提到中國與中華文化時，不是立場曖昧就是以偏概全。而鴻飛文化所編輯的華文作品……其法文翻譯與寫作實際上是一種自我要求很高的再創作，而非一種浮泛的改寫。這個自我要求無疑是鴻飛文化出版品的創意與品質的最佳見證。

收錄在《福爾摩莎美麗島》系列的《海角樂園》，講一個叫做朗朗的小男孩在開學的前一天，和媽媽搭渡輪到外婆家的小故事。這一天，朗朗看到一座紅磚蓋成的房子（前英國領事館），也從外婆口中得知，他有個因為小時候沒有綁小腳而感到受委屈的姨婆。作者用輕描淡寫的手法，帶領讀者走入近代臺灣人的政治與社會現實，也讓讀者瞥見這個小朋友開放的未來。不同主題的交叉穿透，清新的文筆和構圖，與呼之欲出的自傳趣味，這些特質構成了《海角樂園》的光環，稱它是鴻飛文化冠冕上最璀璨的明珠也不為過。

這一本後勁無窮的書是跨文化研究與創作領域裡的一顆種子。學習讀寫的渴望，了解國族和家庭歷史的渴望，走進廣大世界遊歷、進而打造屬於自己的觀點的決心，在這裡以最純淨無邪的方式得到呈現。小時候和『前輩』相處所帶來的滋養讓我們受用無窮，而對人性清澈透明的理解也教我們用更好的方式去帶領下一代，讓他們穩穩地『站在巨人的肩膀上』。」

（Li&Je，二〇一一年五月一日。作者：Dominique Perrin。）

德拉佛女士在自己創辦的C'est la faute à Voltaire書店前留影。

獨立書店創辦人帕絲卡・德拉佛（Pascale Delaveau）談書店經營理念

Q1 請問您如何成為獨立書商？

我大學時期專攻法律，畢業後考進國立法官學院，經過兩年的訓練在幾個法院擔任過不同的職位。這樣過了十五年，工作環境逐年低落，再也不能滿足我當初成為法官的心志，於是我申請留職停薪，準備轉換跑道。

回頭想來，青少年時期過後我便沒有再度充分享受閱讀的樂趣，但是我的生活環境裡一直有書，也經常去書店，對我來說走進書店便是走進另一個世界。書的封面，紙的味道，種種元素都打開我的感官，邀請我走進一個感性體驗。我很自然地告訴自己：如果可以重新再來一次，我會選擇開書店。

這個想法來自於我對生活一個無可妥協的期許：我的工作必須要對社會群體有貢獻，增加每個人對自己的肯定，促進社會資源的流通性，降低人與人之間的恐懼與不信任。最重要的是，我需要做決策的自由，即使失敗了，也不能推諉說是某某人或某某規定妨礙了我。

法官的角色讓我得以近距離觀察人心的複雜，了解環境可以如何險惡從而避免武斷與二分法，也不對人性失去希望。我深信文化和教育不是奢侈品，而是不可剝奪的權利，它也是社會亂源的預防針。這些崇高的理想經過法官專業的經歷而逐漸落實，成為引導我人生路的具體信念。另一方面，文學幫助我檢驗人與人、人與世界的微妙關係，它以不同於法律的方式講究字詞的準確性，更重要的是它承認讀者以多重角度解讀、消化文本的空間，人世間的矛盾和衝突在此都透過文字來沉澱和化解，而不訴諸暴力。我想努力讓文字與思想自由流通，開書店也成了水到渠成的決定。

開書店需要選擇據點，籌備資金。我擔任法官期間有一些積蓄，我的先生也有穩定的工作，給我財務和精神上的支持。另外有兩個經營書店好幾年的朋友給我寶貴的建議，也給我機會觀察書店實際運作的情形。由於政府提供的轉業輔導課程沒有適合我的項目，所以我透過自修，大量攝取有關書店經營的知識，包括日後會遭遇的各種決策與規定。或許憑著直覺去做事也有好處：我沒有刻意獲取更多的職能，但是努力讓想法更明確，了解自己要為書店創造什麼樣的氛圍，以及店裡應該要有的藏書。這些書是我自己走進書店時想要看到、想探索的書。

除了書本身，若是我認同某個出版社的編輯路線，這也拓展我選書的範圍。我的目標是創造一些和我的性情相呼應的書櫃，有些發行商鼓吹我訂購某些暢銷書，因為可以增加書店營收，這我不買帳。我在意的是讀者來到書店能感受到它的靈魂的獨特性與一貫性。書店開張之後的數個月，我和讀者以及發行商針對文學知識與品味有很多的交流，讓我受用不盡。

我開書店之後參加導讀團體的讀書會，對兒童文學慢慢有更多了解，包括各類型的書與較深入的欣賞角度。書店經常需要配合在地的學校和圖書館做活動，這讓我見識到人們多樣的閱讀方式，進而提供切合他們需要的建議。我所在的昂布瓦茲小城有不少觀光客，包括來遊憩的出版界人士，我會利用機會和他們交流，增長見聞。

Q2　來書店購買童書的人為何？您如何給他們指引與建議？

　　來買書的是家長，有時候帶孩子來，有時候不帶孩子來。有時候一起決定買什麼書，有時候家長單獨做決定。家長不見得會親自去讀買給孩子看的書。孩子十三、十四歲之後，通常是家長主動關心孩子適合讀什麼書。也有很多祖父母買書給孫子讀。

　　不管對方是大人還是小孩，我都是從他的興趣出發，盡可能聆聽他的期待和口味。我需要很快地判斷讀者買書的動機：是因為小孩喜歡看書還是因為大人覺得他需要多讀一些書，必要的時候用心化解一般人對於「不讀書」這件事的貶抑，推薦適合的讀物，降低排拒感。

德拉佛女士與其書店 C'est la faute à Voltaire（地點：法國昂布瓦茲市 Amboise / 攝影：Loïc Jacob, 2017）

我的角色是幫助讀者看見各式各樣的出版品，領略童書繪本多層次閱讀的可能性，不強加自己的意見，不貶低讀者的選擇。繪本的適讀年齡僅供參考，不應該構成選擇上的限制，因為每個讀者都是獨特的，重點是書適不適合他，而不是他幾歲。

Q3 您經常和從事閱讀推廣的文化協會或團體合作。您覺得有什麼牽涉童書的活動特別需要人們關心與支持？

文學（包括兒童文學）的意義在於提升文化素養，而不是社交育樂活動。有些人（被社會觀點所影響）自認不屬於愛書人的圈子，他們正需要我陪伴走入閱讀的天地。書商不必死守在店裡，而是要走遍城市各個角落，創造分享閱讀經驗的機會。他也可以想辦法給專業人士經常來書店的理由，透過新書重新品味舊有的藏書，更新其參考文獻。書店還可以促進政府機關、民意代表和民間團體的合作，組織讀書會，把閱讀經驗和戲劇、音樂與繪畫等創作領域連接在一起，讓各項計劃互補而非相互競爭。

兒童文學唯有經過這樣深耕，定期舉辦活動驗收成果才有意義，否則就容易淪為打發時間的育樂活動。這些想法很平凡，不是特別具體或很有原創性的計劃，不過經驗告訴我：如果沒有眾人參與，所有計劃都是徒然，不在地深耕的計劃經常如曇花一現，空有亮麗的外表而欠缺實質。這些集體行動如果要長期發展並取得認同，通常需要和與事者的專業有良好的連結，而不是疊床架屋。書店的營收除了賣書沒有其他來源，這限制了它參與集體計劃的可能性，某些公家機關也會因為書店的營利性質而對於合作計劃裹足不前。

第 6 章

偶然留指爪

從閱讀面來講，一個故事會如何被讀、被理解，不是作者和出版社所能片面決定的。讀者拿到一本書時，運用他的認知與情感經驗來走進故事，他是主動的，不是被動的。

出版社有大有小。有些規模大，歷史悠久，有些規模小，如曇花一現。規模大的出版社人脈和物力資源豐富，有能力使出大手筆設計、出版大部頭的書系或重量級的作家，但是不見得能自主決定出版原創性強、商業風險高的方案。小出版社遇到有原創性的方案時能自主決定是否出版，所以書目上偶爾會出現令人驚艷的好作品，但是限於資源，難以恆常地維持出版品質。

不管是大出版社還是小出版社，都會面臨資源效用最大化的問題。在這個到處充斥所謂「經典」的多產時代，除了做好書、暢銷書、創造營業額之外，出版社把資源轉化成資產的方式是：創造一個有份量、有質感的書目。

書目

書目不只是一份讓書商勾選的商業文件而已，它承載的是每個出版社獨有的精神。「書目」的創造者是誰？是出版社的編輯。他不是圖文作者，創作圖文不是他份內的事。他的本職是創造一個「書目」，一個具有特色的書目，一個別人做不出來的書目。

法國人在描述出版社的特色時經常援用「編輯路線」(ligne éditoriale) 一詞，顯示編輯與創造書目的過程已經涵蓋了「方向」的概念。五年後出版社要和哪個作者合作，出哪一本書，介紹給哪些讀者，現在很可能不能確切知道，這是正常的，因為除了既有的作者群和讀者群之外，出版是不停地發掘作者和讀者的過程。但是五年後出什麼書，也絕對不是天外飛來一筆，因為編輯路線投射的方向讓某些新作者自然地成為出版社合作的對象。書目是活的，像樹一樣生長，根深蒂固，開枝散葉。

所以，某一本書和某一個書系會出現在哪一個書目裡，不是偶然。就像某一個作者會和哪個出版社合作也不是偶然。一個有條理、有中心思想的書目，引導讀者去發現書目裡個別的書。每一本書的內容和主旨，都因為書目的背景環襯而更清晰。

個別的書與個別的作者不止是受益於好書目，他們也撐起書目，賦予血肉，增加其寬度與厚度。編輯路線其實更像一把光束，是一組能量投射的結果。並非包山包海的書目一定最好。有投射、有能量的書目，才得以在雪泥上留下指爪。

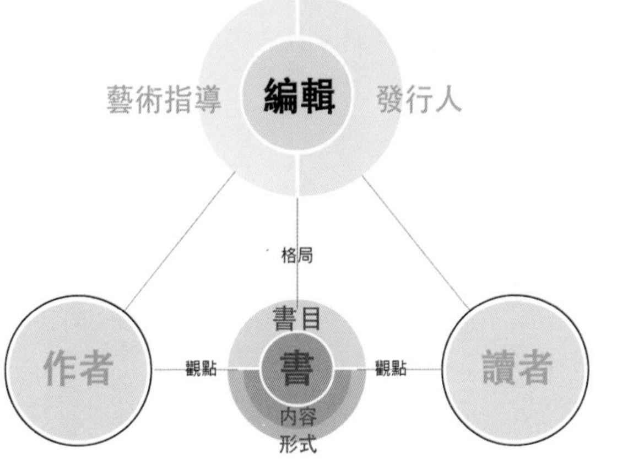

© HongFei 2016

《長大》飛出更廣闊的一片天

Si je grandis…

圖文：梅露琳・蒂莉（Mélusine Thiry）

鴻飛成立初始，我們選擇為讀者講述具有東方人文精神與美感的故事，具體做法是編選當代華人文字作品，邀請法國插畫家深入閱讀。這些文字作者的立意不在於向外國人解釋什麼是中國；他們所描述的旅行與邂逅可以感動世界上其他地方的人。當插畫家讀懂了，受到感動，我們就可以借助他所創造的圖像語言來感動更多的法國讀者。

鴻飛成立兩年後，我們出版了第一本和中華文化完全無關的圖畫故事書《長大》，出版社的意向從那時候起更明確而完整：

在中華文化之外，我們要陪伴讀者走上一個面向他人、面向世界開放的心靈之旅。

我們和梅露琳．蒂莉的合作，始於許地山的作品集《空山靈雨》裡的一篇文章〈愛流汐漲〉。《愛流汐漲》出版一年後，梅露琳請我們針對她一個自編自繪的創作初稿給予意見。當我們告訴她考慮讓它成為鴻飛的出版品時，她在驚喜之中答應了。這個創作內容和中華文化沒有任何關聯，《長大》就這樣成為伴隨鴻飛飛出中華文化的天空的第一號作品。

長大了的我　不會繼續躲在花瓣裡面
但是我會用最大的耐心　殷勤灌溉我的小花園
長大了的我　再也不能乘坐胡桃殼在水面遊蕩
巨大的魚兒會來守護我　陪我到無邊的海上嬉戲徜徉
總有那麼一天
我必須往天空縱身一躍　和我小小的鳥巢說再見

……童年的翠鳥將離我而去
但是牠美妙的歌曲將在我的笑聲裡　迴盪

總有那麼一天　疲憊的雙翼不再帶我翱翔
但是我不會忘記如何馭風而行　無牽無掛去流浪

我的雙腳踮得好高好高　我的雙手伸得好長好長
我總會有長大的一天

可是　不管我飛得多高　長得多大
我將永遠是一朵生命的小火花

一朵生命的小火花
面對天地無盡造化

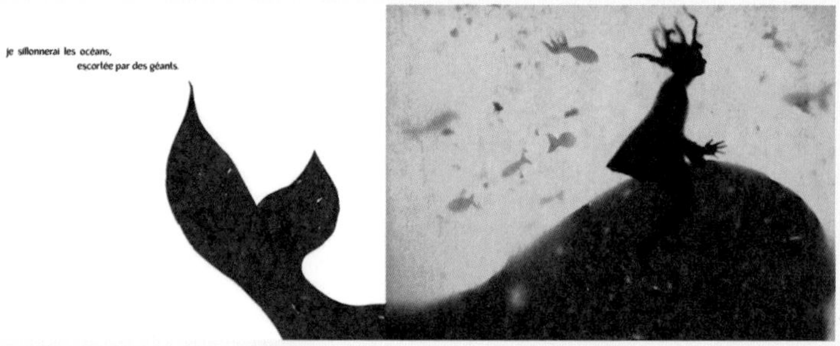
je sillonnerai les océans,
escortée par des géants.

《長大》不僅圖畫技法特殊，文字在童書繪本裡也是個異數。每個字句都很具體，但它們指涉的情感卻又非常遼闊：期待、害怕、猶豫、豁達……有些人可能十歲就直覺懂得，有些人則要要活到六十歲才能完全參透。這種溫柔敦厚的美感，讀過唐詩的人不陌生，而連一句中文也不會說的梅露琳則透過《長大》，造就了鴻飛這個跨文化童書出版社的早期代表作。

Cependant, quelle que soit la grandeur que j'atteindrai,
je demeurerai toujours une petite étincelle de vie.

格局

除了把 ligne éditoriale 直譯成「編輯路線」之外，有沒有另外的詞彙可以貼切地形容一個出版社和它的書目的特性？經過幾番尋思，我認為「格局」是個值得探索的概念。它比風格、品味、靈魂、哲學等說法來得具體，可衡量。它也涵蓋多重維度，包括時間的維度，而不像編輯路線較側重指涉空間與方向。

在日常生活中，我們要形容一棟建築，一個基地或一所住宅，常會使用格局一詞。格局反映潛能的觀念：透過佈局，我們預先置放一些元素，組織將來發生某些事件的可能性。至於事件會不會真的發生，它取決於許多我們所無法掌控的因素，但是如果不在佈局時置放這些元素，它們將很難發生。俗話說：烙餅再大也大不過烙它的鍋。這就是格局。

從我熟悉的鴻飛文化講起。就創作面來說，鴻飛文化剛成立時邀請法國畫家詮釋華人兒童文學，這個單純的「編輯路線」很快發展出不同的維度：透過跨文化的繪本創作，華人文化圈的作者得以與法國文化圈的繪者和讀者產生邂逅，而這個大跨度的交流衝擊也讓鴻飛很快地超越東西方文化的框架：古代經典的現代詮釋也是一種跨越，兩千年前的作者和當代的繪者都能收錄在鴻飛的書目裡。這是格局。而與中華文化無關的、探討人我關係、易位思考的優秀作品，如今發展成鴻飛書目重要的一部分。這也是格局。

從閱讀面來講，一個故事會如何被讀，被理解，不是作者和出版社所能片面決定的。讀者拿到一本書時，運用他的認知與情感經驗來走進故事，他是主動的，不是被動的。我們不鼓勵漫無邊際、異想天開的讀法，但也不橫加限制，賦予單一的解釋。書與書目因出版社的編輯方式而讓某些讀法變成可能。這仍是格局。

《木蘭辭》

La Ballade de Mulan

圖：克蕾夢絲．波列（Clémence Pollet）

克蕾夢絲．波列是早慧型的插畫家，作品曾入選波隆納畫展，藝術學校還沒有畢業，即出版第一本繪本並獲得法國童書處女作大獎。她的畫風不盡然是童書市場所追逐的那種，所以一時沒有得到大出版社重用。

我們邀請她合作並不是因為她對東方文化特別了解，而是因為她的創造力。她畫《板橋三娘子》時主動在畫冊與美術館裡搜尋唐代常用的色彩與人物造型，融入她個人充滿現代感的語彙，即使請一位華人來畫也不見得能夠如此傳神。我想克蕾夢絲喜歡和鴻飛合作的原因之一是：她很聰慧，但是在創作過程中會有一兩個盲點，而她相信鴻飛能幫助她把一部好作品變成「傑作」。二〇一五年在上海獲得陳伯吹國際兒童文學獎的《木蘭辭》，是個成功的例子。

鴻飛在二〇一三年底、二〇一四年初出版了蘇東坡的〈良農詩〉和杜甫的〈客至〉。很快地，我們開始考慮透過繪本的形式把〈木蘭辭〉介紹給法國讀者，因為它文字節奏明快，情節富含戲劇性，也很有中國特色。這個項目從構思到出版，歷時兩年。克蕾夢絲讀了我翻譯給她的法文稿之後，給我們看的線條稿與原文的敘事節奏很搭配：整首詩只用三段話的篇幅來鋪陳十二年的戰事，繪本也只用三幅跨頁來交待這段過程。這讓木蘭出征之前和返鄉之後的心思意念，不管在文字還是圖畫上都得到充分的描繪。

「唧唧復唧唧，木蘭當戶織。不聞機杼聲，唯聞女嘆息。」第一幅圖，木蘭坐在紡織機前，一匹布從她靈巧的雙手下鋪展開來，一條條平行的絲線化身為水面的波紋，載著一艘小船。這一段文字並沒有提到船，為何繪者選擇這樣表現？這正是克蕾夢絲的才華和功力的展現。如何透過形象，向小讀者傳達「思憶」的情境？繪者知道木蘭的故事有一個場景發生在黃河邊，河上有戰船。這一個屬於未來的情境成了展現木蘭心有所思的媒介，她在得知父親被徵召從軍時勾畫了自己人生的藍圖。紡織機、波紋和小船都是孩童能感的具體意象，經過繪者組合卻在這裡表達了主人翁面對環境、擘畫人生的企圖。這是何等器度！

這是克蕾夢絲第一次用版畫的方式繪製繪本，而且開數大，失敗的機率高，她花了整整一年的時間刻版、拓印。她只使用四種顏色，那情形好比捨繁複華麗的現代語文不用，而用古人較為樸拙的語言去烘托意境。她給我們看色稿時，我們明白了她的巧思：她透過剪影的效果創造主場景和背景交疊的層次感，包括「問女何所思」的父親剪影和「磨刀霍霍向豬羊」的小弟剪影。這個多線敘事的手法讓她得以完美地配合文字的緩急，掌握圖像推演的節奏快慢。

壓軸那一幕：「開我東閣門，坐我西閣

Tsi-tsi et encore tsi-tsi, Mulan tisse à la maison.
Soudain le bruit de la navette cesse, seul le soupir de la jeune fille parvient à nos oreilles.

床。脫我戰時袍，著我舊時裳。當窗理雲鬢，對鏡貼花黃。」克蕾夢絲閒適地想出一個令人拍案叫絕的、和第一幕未來小船相呼應的場景：木蘭背後有一個屏風，屏風上的圖案正是當年幾個騎馬的戰士馳騁沙場的剪影。那是已然走過的、自主選擇的人生軌跡。順著這個態勢，翻到故事最後一幕，她出門招呼軍中夥伴，屹立的姿態有如自由女神，俯視被小船載走的、驚訝得說不出話的同袍。

克蕾夢絲的插畫藝術因這個千古傳誦的文字而淋漓盡致地展現。作為華人，我們得感謝她讓這一篇文字獲得了新生命與新高度。

Mulan pousse la porte du pavillon de l'est,
et s'assied sur son lit au pavillon de l'ouest.
Elle enlève son long manteau des temps de guerre
et revêt sa robe de jadis.
Après avoir ajusté ses boucles devant la fenêtre,
elle colle sur son front une mouche jaune
face à son miroir.

觀點

一個出版社的書目借助其格局展現特色，書目裡的每一本書和每一個書系，則透過其圖文作者的觀點走進讀者的生命。

讀者接觸一本書，其實也透過它接觸了書背後的圖文作者。作者選擇講什麼樣的故事、如何演繹它，形塑了書的主題和風格，也影響這一本書在特定讀者心目中的地位。這些主題和風格主要來自於作者觀察、體驗這個世界的立場和觀點。

沒有立場、沒有觀點的好書是不存在的。即使是看起來很客觀的參考書，作者還是決定了列舉某些資料、捨棄某些資訊，並且用特定的順序來呈現。這些決定都不是偶然，但是作者不見得會明白告訴讀者，並非因為他要刻意隱藏，而是因為這個觀點的「正確性」對大部分的人來說是無庸置疑的，而這些隱性觀點的內在矛盾，也往往因為作者讀者共有的盲點而被淡化或忽略。

《團圓》

Réunis

圖：朱成梁　文：余麗瓊／中文初版：信誼基金出版社（台灣）

這個故事的文字作者余麗瓊以第一人稱的敘事手法，讓讀者跟隨小女孩毛毛一起經歷這五天即將發生的事情。這樣的選擇並非不存在於法國童書繪本，但是這種充滿童稚語氣的敘事方式，通常透過一個獨立事件來呈現單一面向與自我中心的情緒，比如歷險、逗趣、傷逝、陰影等。

《團圓》僅僅透過一個小女孩的神態和語氣的描繪，捨棄累贅的形容詞，讓讀者感受對親人回家的期待、久別重逢的生疏、和父親共處的喜悅、向同伴展現好運幣的驕傲以及其背後的珍惜之情，一直到最後好運幣失而復得、親手交給父親的結局。這些行為和話語對一個五歲的小女孩來說是完全入情入理的，但是透過作者對它們的揀選與安排，呈現的不僅僅是兒童豐富多層次的心理，更是所有有血有肉的人的心理。毛毛吃湯圓咬到好運幣，歡呼雀躍，還不忘注意到「爸爸似乎比我還要高興」：當兒童一句天真的話語道盡成人說不出口的關愛，誰能不感到窩心？

《團圓》的文字無異向世人宣示了：把「兒童觀點」化約成簡單天真、沒有受成人世界污染的潔白畫紙是過度狹隘的做法；透過純粹的兒童觀點和語言可以講述的、牽涉人我關係的動人故事還有很多，端看創作者和讀者、推廣者對它的重視。

至於《團圓》的插圖，畫家朱成梁對畫面各

Le deuxième jour de la nouvelle année, le ciel est très couvert ; il va neiger.
Papa s'affaire dès le petit matin pour remettre à neuf la maison : il répare les fenêtres, repeint la porte, remplace les ampoules...
La maison devient tout à coup plus lumineuse !
« Maintenant, nous allons réparer le toit », me chuchote papa. C'est chouette, car maman me défend toujours d'y monter seule.

個細節的講究，除了為人物添血肉、增強故事真實性與說服力之外，對於法國讀者來說是個很不尋常的體驗。

法國的童書繪本習慣迎合讀者的獵奇心態，一講到中國的故事，必定把場景設在充滿雕梁畫棟的古老中國，如果畫面上出現現代建築或物件，那通常是用懷舊的語氣來感嘆美好（但落後的）傳統的消逝。《團圓》的插畫裡，有皮箱，有機車，人們穿著現代的衣裳，同時有過年貼春聯、街上燈飾、舞龍的場景，傳統和現代並存：這是華人生活的實景，也是法國讀者長久以來較少看到的實景。

作為插畫家，朱先生分鏡和取景的手法除了戲劇和電影的動態趣味之外，也配合這個小女孩講述的故事做了細膩的調整：大部分畫面的視角

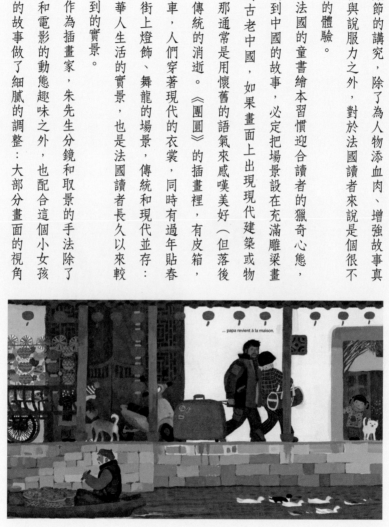

高度，不是和毛毛的視線平齊，就是介於女孩和父母之間，給讀者的感受是整個故事特別「接地氣」。這個不落鑿痕的高明手法，是插畫家結合人性與藝術的詮釋功力的表徵，不管是在中國還是在西方都十分難能可貴。

講故事的圖畫書牽涉兒童的品德和藝術教養，傳遞知識的參考書則是指引一條認識世界的路徑。一般選擇童書的家長在意的是故事有不有趣、知識是否正確易懂，作者的觀點不見得是他們主動關注的事情。某些書表面上看起來客觀開明，受到很多讀者喜愛，但是其作者的眼界高還是低，立場公允還是偏頗，都逃不過專業眼光的檢驗。

並非觀點鮮明的書就一定是好書，但如果一個作者善於檢驗自己發聲的位置，彰顯它的獨特性，這樣的書可以大大地幫助讀者建立自己的觀點。對於正在探索自己在世界裡的位置的童書讀者來說，這是非常可貴的。

《中國日常生活即景》

Chine, scènes de la vie quotidienne

圖文：尼古拉・裘力弗（Nicolas Jolivot）

尼古拉・裘力弗在創作這一本書的時候，到中國遊歷已達七次，他的寫生簿滿是生動的圖文記錄。這些採風之旅在書裡分五個章節呈現：旅行、飲食、在街上、浮生半日閑、一生一世。這些元素組成一幅不落俗套的中國的畫像：擁擠的城市、停不下來的噪音、火車上大快朵頤的乘客、清晨在公園裡打太極拳的人們、在結冰的湖面滑雪車的小孩以及海邊度假的人群，所有的場景都極其自然生動。

中國人的日常生活，城市與鄉村多樣的色彩……對西方人來說，每翻開一頁就是一次驚奇。尼古拉善於在旅途中捕捉吉光片羽，短短幾句話就足以重現豐富的氣氛。他使用當代精緻的語彙，揉合庶民語言的趣味，描繪各地風土的獨特性。

對畢業於巴黎美術學院的尼古拉來說，毛筆與水墨是他非常熟悉的技法，中國繪畫樸素的形式和人文精神經過他具原創力的詮釋，沒有絲毫明信片式的刻板形象。中國人樂天知足，既含蓄矜持又真情流露，既個人主義又懂得適應群體生活，既傳統又現代。尼古拉像一個密友，透過這一本書帶我們走進這個有如萬花筒的國家。

由蒙特羅童書展和世界報聯合主辦的一年一度的金砂獎（Prix Pépite），是法國童書界最高的榮譽。主辦單位在二〇一四年十月通知我和合夥人黎雅格《中國日常生活即景》入圍，我們感到很高興，但是並不奢望能夠得獎，因為競爭者都是資歷深厚的大出版社。十一月十八日，我們抱著必輸的心情專程搭火車去巴黎出席晚會，透過露臉的舉動告訴業界：鴻飛雖然小但可別對它視而不見。

在火車上，我和合夥人說萬一得獎，總得要發表得獎感言，我們可以說什麼？我用早年在建築學院解釋作品的精神謅了起來：「一本知識性的書，可貴在它的觀點。它讓讀者明白該著作所描述的事物的樣貌，是作者從某個特定的立足點觀察而來，這樣的書能幫助讀者建立自己的觀點。」表面上完全客觀的書，其實是隱藏了作者的觀點，對於讀者並無助益。

頒獎典禮上，我們坐在台下聽頒獎人介紹非文學類評審的標準，他強調「好書要有觀點」。怎麼這麼巧！他接著宣佈三本決選的書，竟然有《中國日常生活即景》（而某一本很多人看好但是觀點曖昧的書卻被淘汰了）。我們不敢相信那是真的。還來不及反應的時候，頒獎人就宣佈首獎：《中國日常生活即景》……經過幾秒鐘的錯愕，我和合夥人離座，蹬蹬蹬上臺領獎。多年來編輯工作室辛苦耕耘之後，我們用感恩的心，迎接這個不請自來的無限美好的時刻。

À table !

Il suffit de deux Chinois pour créer un restaurant, l'un pour faire la popote, l'autre pour la manger, mais l'on trouve aussi des lieux plus importants pleins comme des œufs où les tables sont tellement couvertes de plats qu'elles disparaissent. C'est le cas dans les restaurants de fondues, celle dite de Chongqing étant la plus célèbre et goûteuse.

Le centre de la table est occupé par une belle marmite constamment chauffée. Elle contient un bouillon épicé et pimenté. Les clients choisissent dans des corbeilles alignées sur des présentoirs viande et légumes, fines tranches de bœuf, d'agneau, tripes de vache, intestins de canard en lanières, tofu*, racines de lotus, feuilles de chou, champignons et que sais-je encore, qu'ils font bouillir et trempent à leur goût dans toutes sortes de sauces à l'huile ou au soja.

Dès lors le temps n'existe plus pendant le ballet incessant des baguettes qui piochent au centre et les discussions fortement arrosées d'alcool. La finalité de l'opération, après avoir mangé les pâtes que la serveuse verse dans le restant de bouillon, est de sortir du restaurant à la nuit noire avec les joues rouges et le ventre aussi gonflé qu'un chien noyé. Pour peu qu'il fasse chaud, on relève alors le tee-shirt au-dessus de son bide rebondi pour lui faire prendre le frais en imitant les grands-pères du quartier.

Il n'est pas rare dans les restaurants de voir autant sinon plus de personnel en cuisine et en salle que de clients. Les serveuses sont presque toujours des jeunes filles.

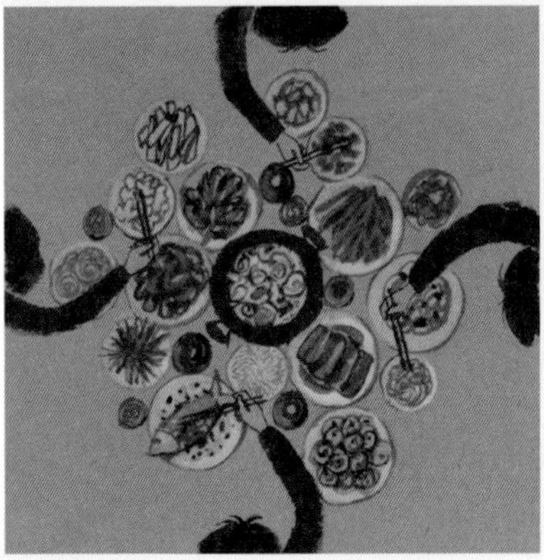

我和合夥人經常向導讀人士解釋出版社取名「鴻飛」的原因：大鳥在雪地上留下指爪之後即自在地飛走，指爪的深意無法離開讀它的人而存在。作為童書出版社的藝術指導、編輯和發行人，我與作者們合作創造繪本，但是一本書並非被印出來、放到書店裡就算是「完成」了。它的生命其實在那個時候才開始，因為它給讀者的生命帶來什麼啟發，也是我關心的事。

我並不奢望鴻飛出的書能感動所有的人、被所有的人所了解和喜愛，但是我希望拿起它來讀的讀者能因它而讓生命往前走一小步，透過自己的觀點了解為什麼這一個故事對他的生命帶來滋養。我是出版人，也是一個勤於閱讀的讀者，深深了解人一生年光有限，每次花時間讀一本不能為自己帶來滋養的書，都減少我與一本好書邂逅的時間與機會。導讀人士、書獎和書評可以幫助我們選書，但是世界上得過獎的書多到讀不完，也有許多好書不曾得獎。再者，閱讀的本質是幫助讀者培養獨立判斷的能力，而不是教人盲從，不能因為地球另一端有很多人說某一本書好，就不加質疑，跟著說好好好。到頭來，只有自己最清楚什麼書對自己有益。

小時候花時間讀繪本，接觸有內容、有奇趣、有品味的圖畫與故事，間接了解什麼書好吃但是缺乏營養，長成大人之後，便能夠很快地為自己選書。童書繪本的影響力絕對不應該被小看。

資深童書編輯
克利斯田・德密易（Christian Demilly）談編輯工作內容

Q1　您如何形容、界定童書編輯和藝術指導的工作內容？您的學經歷如何幫助您從事這個行業？

要給編輯這個專業下定義很不容易：它很簡單卻又很複雜，它有一貫性卻又千變萬化，它揉合了數種感性和理性的範疇與技能……有時候我甚至懷疑它是不是一項專業，但繞了一圈回來之後，我認為它確實是一項專業，畢竟不是你心血來潮、想當編輯就能當得成編輯。時間、經驗、判斷、感性、組織能力、欲望、品味、意志、技術、靈巧的手腕、協調與聆聽的能力、面向世界開放的心靈、捕捉世界的心跳並診斷它的病因……沒有這些特質就不能成就一個編輯。編輯可以自滿於製作並銷售書籍，那有什麼困難？但是要做一個好編輯卻非常不容易，那是一項藝術。

從我的觀點來看，編輯好比樂隊指揮：我們要完成的作品需要好幾個人共同參與，這些人的才華是否能淋漓盡致地展現，端看指揮的能耐。這些才華不能各自為政，而是要為理想中的作品來服務奉獻。要達到這個目標，編輯必須有決心但不剛愎自用，有自信又保持謙遜。編輯不能專斷獨行，但他並不扮演被動的角色，而是主動地引導、鼓舞別人展現創作的意向。作為編輯，我們致力讓別人的創意轉化成一個具體的物件，我們不是作者、不是插畫家、不是美術編輯、不是製版公司、不是印刷廠……可是最後的成品卻是我們的心血結晶。

書在我們善意的「品管控制」之下一本一本地出版，這些透過很多性情才華各不相同的人參與的成品放在一起，卻很奇妙地反映了我們（編輯）的特質。在琳瑯滿目的書封背後，其實有個一貫的信念與思維。

到最後，我們不難理解，這些「物件」（書）的許多面向，除了編輯便沒有人去問理清了：版式該要多大？紙用哪一種好？這一篇文字稿是否可用？哪一個繪者適合畫？排版是否恰當？首刷多少冊？哪一天上書架？這都是沒有別人可以替我們編輯扛的責任。我們做決策的時候都明白取捨的標準、財務的要求以及希望達成的目標。

Q2　請介紹您認為在您的指導下所產生最具有代表性的書系或作品。

我私下的願望是所有我編輯的書（包括某些不是很成功的書）都忠實地反映我的信念。如果一定要舉例，我很樂意談談我為歐特蒙出版社（Autrement）編輯的 *Les Petits albums de philosophie* 哲學小繪本系列。這個項目的初始概念很籠統：為六至九歲的兒童創作哲學讀物。我的信念是：這個年齡層的兒童對這個主題的讀物有需求，而且，這種讀物我們可以做得出來。

接下來最精彩的就是探討「如何做」。每個方案一開始都有無限可能的路徑，我們必須選擇一條主軸並且貫徹始終。我們的用意不在於給兒童上哲學課，而是讓他們親身參與哲學思考，對話和漫畫的編輯路線也就呼之欲出。我們希望小讀者能夠認同書所揭示的問題，所以創造了一個和讀者同齡的主人翁，重複出現在書系的每一本書裡。對話的語氣不可以僵硬，而要很自然，所以作者和我在這上面下了很大的功夫。

接著要選擇能夠傳達這個書系的趣味的插畫家、版式、用紙、美術編輯等。這個例子說明了一本書的誕生是在編輯的鼓舞和控制下，多方參與、漸進的過程。這個書系順利出版，獲得讀者的肯定，也在蒙特羅童書展得到大獎。最讓我們感到欣慰的是看見兒童確實從中得到樂趣和益處：幾個月之前一個單純的想法，變成走進讀者生命的明確的物件，這就是編輯。

Q3 您和作者維持什麼樣的關係？是否有特殊的經驗？

我和圖文作者在專業的架構之下，盡力維持同好、信賴和不受拘束的關係。我認為編輯首先需要尊重作者的特殊性，他的工作不是服務業，如果我們決定和他合作，那是為了他的才華與個性，所以我們必須給他自由發揮的空間。但是，書不是一件「純粹」的藝術品，它必須符合某些存在的要件：它存在一個書目裡，它有一個版式，一定的頁數，還有目標讀者群。我們給圖文作者最大的創作空間的前提是：最終必須完成編輯所主導的出版計劃。

有時候我們會收到作者投稿，稿件來的時候已經幾乎沒有什麼缺點，我們要做的只是把它納入出版計劃（就連納入書目的方式也反映編輯手法的高低），有時候編輯必須介入，和作者一起探索、前進。這是為什麼兩者之間同好和信賴感如此重要的原因：你越知道另一方要往哪裡去，你們就可以走得越快，走得越遠，做大膽的嘗試……就如同一對伴侶。我不是作者的上司，而是助產士：我指導作者進行創作，在一個既定的空間裡，幫助他善用自己的自由，把自身獨特珍貴的特質用最好的方式綻放開來。作者和編輯是一起創作的夥伴。

Q4 童書出版社和圖書數量一直在擴張。在這個環境之下，您的專業才能需要什麼條件配合才能無礙地施展？

對我來說，自由、直覺、信任、大膽的作為和信念，是讓我能夠做好編輯工作的必要條件。時間因素也很重要：不要趕時間，不要因埋頭苦幹而變成當局者迷，不要變成生產機器，要量少質精，而且不要停止思考。最重要的是：在知性、文學、美學和倫理各個層面，永不妥協。

第 7 章

鴻飛那復計東西

我希望鴻飛所出版的、比較不一樣的故事，
能讓他們體驗到：面向他人開放無關犧牲，
不是痛苦也不是詛咒，而是一種幸福與快樂。

二〇一二年夏天，我受法國電力公司員工福利社邀請，去五個夏令營和小朋友作互動，其中有一站的小朋友來自北非，他們是該公司在阿爾及利亞分部的員工的小孩。這些小朋友第一次來法國，有些比較害羞，也不是所有的法語都聽得懂，所以有隨行的阿姨在必要的時候幫他們做翻譯。

我做這個活動講的故事，是根據中國古代畫家吳道子的軼事改編而成的。這個畫家旅行到某處，找到創作的靈感，心滿意足地回去，但是在回去之前摘了一根松針、拾了一片鳥羽，掬了一把泉水，裝在三個小玻璃瓶裡帶回去。有一個小朋友問我說：「為什麼畫家要準備三個小玻璃瓶帶這些東西回去？」這是第一次有人問我這個問題，我搔一搔頭，反問他說：「你這次來法國，有沒有帶照相機？」他用力地點點頭。「你看到美麗的風景和有趣的東西，是不是就拿起相機喀擦喀擦拍下來，這樣你回家之後看到照片就能記得你去過哪些地方？」他再次點點頭。「那麼，這個畫家也想和你一樣，把美好的記憶帶回去做紀念。可是他那個時代沒有照相機。怎麼辦？」

這時候他懂了，隨行的阿姨都很開心地笑了。這個小插曲讓小朋友了解，即使隔了遙遠的時空，生命的體驗仍然可以透過文字與圖畫來分享與溝通。這是讓我心裡哈哈大笑的時刻。

我所舉的中國古代旅行畫家的例子當中，也含藏了一個有趣的啟示。因為思考的慣性，我們傾向於把法國小朋友讀中華文化傳統故事，看成是西方文化和東方文化的邂逅，但我們的本意並不是在教導法國大人和小孩什麼是東方人文精神。我們的初心是給小朋友一個體驗：故事裡的畫家是很久以前、生活在一個遙遠國度的人，但是你能了解他，表示你們有共通的想望。那麼，你身旁的人，即使高矮胖瘦、皮膚顏色和你有所不同，你顯然沒有理由不了解他，沒有理由想像不到他的快樂。只要你體會這一點，你以後的人生就多一份自在快樂的可能性。

貫穿所有鴻飛出版品的主題有三個：旅行、對未知的好奇與人我關係。我們這樣做的用意在於豐富讀者對他者的想像，幫助他從個人主義的牢籠裡解放出來，體會到「他人」不僅是抽象的法律單元，更是和自己一樣有愛憎、有思路、有想望的主體。從想像他人的快樂到學習給予，進而為他人的快樂而快樂，這個境界是值得我們陪同法國的大人小孩一起去追求的。

芭比的盛宴

一八七〇年代，普魯士戰爭後的法國社會動盪不安，芭比來到一個丹麥小村莊避難，被兩個單身的清規女子收留作為女僕。二十多年過去了。某一天，芭比中了樂透彩，得到一大筆獎金。為了答謝丹麥人家的收容之恩，她邀請全村的人來晚餐，並使出渾身解數，跨海採買各色物料，為他們烹調出一道道可口的菜肴。可是在那兒，人們把美食享受當作魔鬼撒旦的誘惑，大家事先約定好，不准在餐桌上稱讚一句話。碰巧當晚席上來了一個不速之客，見過世面的他，知道唯有在巴黎最高級的那一家餐廳才吃得到這些稀世珍饈。原來，在逃離法國之前，芭比就是那個餐廳的主廚。晚餐結束後，兩位女子問芭比何時啟程回法國，芭比搖頭笑一笑：「二十年前的人，死的死，逃的逃，回法國找誰？我不回去了。中彩的獎金全都拿來做這一頓晚餐了。」

芭比並不因為村民不懂得品嘗美食就敷衍了事，而是用盡才情，不計回饋地付出。她與清規女子一樣具有宗教情操，只是她用自己的方式，實踐上帝對人的「恩典」：沒有條件的給予。

這個故事出自《遠離非洲》的作者凱倫・白列森（Karen Blixen）的想像，非常細膩感人，但是現實生活也能這麼溫馨美滿嗎？

我來法國的時候二十三歲，二十幾個寒暑轉眼過去。法國，尤其是巴黎，雖然接納了來自世界各地的創作者，但是法國人的傲氣也反映了他們面對異文化的霸權姿態，每一天醒來睜開眼睛，從我的窗戶看出去就是法國與中國這兩個文化交叉的十字路口，這個感覺從我開始從事童書出版之後更加明顯。

對法國人來說，接納一個並非來自主流階層的專業人從事具有話語權的工作，已經是一大挑戰，而接納一個外國人「插手」下一代孩童的教育和養成，更是一個罕見的現象。而當這個外國人既非來自比法國強大的美國，也不是富有先進的日本，而是位在中華文化圈的臺灣，如果一心以為他們會敞開胸懷毫無保留地接納你，那誤會可就大了。

出版社成立後，我和合夥人開始參加書展，面對來買書的法國讀者，察言觀色，介紹他們可能會喜歡的書。有一回，我向一位法國女士介紹了許地山寫的故事《愛流汐漲》，提到漢語文學間接鋪陳的婉約特性。她聽了反問我：「您認為法文細緻的程度比不上中文嗎？」我馬上改口打圓場。

童書展花絮（地點：法國博讓西市Beaugency／攝影：Loïc Jacob 2017）

後來，我和黎雅格經常在媒體訪問或讀者見面會的場合介紹鴻飛出版童書的理念，為了讓讀者確實了解我們創新做法的理由，我們不得不深入指出當前某些童書圖文創作的缺陋之處與盲點。我和黎雅格培養出這樣的默契：只要有牽涉到對法國童書做法的質疑與批判的部分就由他來發言，之後我再分享華語文學裡可供參考的正例。這一招雙簧戰術，簡單有效，讓我們省去很多頭痛的時間。

法國從歐洲中世紀以來即扮演了西方世界政治、經濟與文化重心的角色。十八世紀啟蒙運動，帕斯卡、盧梭、伏爾泰等大思想家為法國大革命的浪潮儲備了可觀的能量，有系統地探討人權的概念，更加強了其在近代哲學、科學、工程和醫學研究各方面的領導地位。習慣事事走在世界前端的法國人，頂著普世價值的光環，源源不絕地向外供輸語言哲學、藝術文化的創作與理論，所到之處皆散發無人能擋的魅力。這是現代法國的履歷。

經過十九世紀和英國既合作又競爭的關係，法國建立起自己的殖民帝國，巴黎也成為全世界藝術家與創作者夢寐以求的舞臺。繪畫、舞蹈、服裝、建築、電影、文學、哲學、美食……各個領域的頂尖人才齊聚巴黎，有些在法國爭取到一展長才的機會，獲得肯定之後返回自己的國家，有些在法國社會浮沉，雖然沒沒無名但認定法國是自己的國家，歸化為法國人。當然也有更多人並非是為了追逐藝術與文化的桂冠，才離開自己的家鄉來到法國，而是單純希望有個安家糊口的地方，養育下一代。

從外表看來，法國給世人兼容並蓄的美好形象：這裡充滿機會、只要有才華就可以出人頭地。但法國人也是人，其文化本位的現象並非不存在。法國文化繼承古希臘哲學辯證的傳統，其思維浸潤了強烈的普世精神：一項真理，到了地球上任何一個角落都成立，而如果某一項論說在這裡成立，在那裡不成立，那它就不是真理。這和英國人的實用主義與華人注重權衡變動的思維很不一樣。在社會認可的範圍裡，**法國的確是一個尊重差異化的多元社會，但是在這個範圍的邊陲或之外的價值與思路，即使存在也難以跳脫被誤解與被漠視的命運**。法國的主流文化在社會上享有霸權，彷彿這是它走出法國、走入世界的必要條件。

這是為什麼一部分的法國人，對於新移民的原生文化比較難以用平常心去面對，或者摘掉書本與「專家」的濾鏡，直接藉由同理心去體會。並不是他們有意識地排斥異文化，而是法國的歷史和哲學傳統沒有發展足夠的概念和語彙，給這些異文化一個正確的位置。他們對於異文化保有一個刻板印象，如果外來人的舉止言行不符合這個刻板印象，他們心目中的世界秩序便彷彿受到威脅。他們也期望看到新移民的下一代毫無保留地擁抱法國主流文化。原生文化頂多只能在私人領域（如家庭）裡存在，它永遠也不會是促成法國社會文明進步的豐富種子。

這個現象在政治、媒體和出版業尤其明顯。這些行業有一個共同點：他們掌握了法國社會的話語權，也傳遞了某種「法國人」的形象。我們很難在這些領域看到亞裔人士或黑人，即使他們在法國土生土長、沒有一絲絲外國口音。在現實生活裡，無法正視外來異文化的例子隨手可得，我們不必把它們解釋為「歧視」，但這些強度很小卻無所不在的偏見經過許多世代的傳承與累積，形成一堵很難跨越的文化與思想長城。

我可以描述兩三個親身的經歷，給讀者更具體的概念。法國在二〇一二年舉行總統大選，環保黨候選人是本籍挪威的資深法官艾娃．裘莉（Eva Joly）。她二十歲來巴黎求學，隨後嫁給法國人，入籍法國四十餘年，深受法國人敬重。大選前一年七月十四日國慶日，裘莉女士發表看法批評閱兵大典，說現代先進國家早已經不時興這一套。隔天，人在國外的執政黨首相費雍（François Fillon）面對媒體發言，直說「這位女士可能對法國傳統了解不夠多……。」這一句話讓我聽了馬上從客廳的沙發上跳起來。裘莉女士可是有名有姓的，用「這位女士」這樣輕蔑的字眼，當然是一種挑釁。再者，我從小受到的教育是「不以人廢言」，一句話對就是對，錯就是錯，並不因為換了一個人說，對的就變成錯的，錯的就變成對的。那如果批評閱兵大典的是土生土長的法國人，首相先生要如何回答？為了逞一時口舌之快，首相否定了法國社會不搞族群分裂的基本前提。裘莉女士身為法國人的年資超過走在路上的二十歲、三十歲、四十歲的男男女女，也比首相本人少個幾年而已。這一句出自首相之口的笨話沒有引來特別強烈的譴責，但是把這一句話牢牢地記在心裡的新移民很可能不只我一人。

另外有一次，我在一家小戲院看愛影人俱樂部推薦的日本電影，那是影壇大師溝口健二在一九五二年拍攝的經典《西鶴一代女》，透過女主角動蕩起伏的一生，對人性作了極為深刻的刻畫。電影播完之後，負責講解的先生向觀眾描述這一部影片拍攝的年代，說明當時日本社會承繼男尊女卑的傳統，對女性的壓抑無處不在，論定這一部電影間接見證了日本女性解放的歷史過程，最後他以半開玩笑的口吻做了以下的結論：法國女人可以慶幸自己不是生在日本。

聽到這樣的詮釋，我整個人傻了：這一部電影之所以能成為經典，是因為它反映了人生的無常與人性的脆弱。故事的主角是一個性情剛烈卻被命運之輪碾碎的女人，她的遭遇讓觀眾更能感同身受，但那並不代表只要生為男人就可以超越人間條件，擺脫人世無常的折磨。我對朋友感嘆說，我以為從十九世紀明治維新之後，日本脫亞入歐，他們產出的世界級作品能讓西方人看到一個不同的世界。可嘆的是在二十一世紀初的今天，連東方最出色的傑作，都可以被某些法國人很有禮貌地貶低為反映某個地域文化與某個時代的作品。

我在法國從事童書出版工作，這個國家與中華文化的距離很遙遠。或許這是為什麼我對於法國的文化本位主義會有比較敏銳的感觸。引起我關注的，並非中華文化受到誤解的這一件事。當來自挪威的艾娃．裘莉、來自日本的溝口健二、乃至於走在街上的亞洲人、非洲人、阿拉伯人，其文化不僅沒有受到尊重、反而變成一種貶抑的藉口時，我認為這個現象沒有一代接一代、不改變的理由。這也是為什麼即使經營獨立童書出版社要克服很多困難，我還是繼續走下去。這並非出於一種保護弱勢團體的想法，而是為了生活在這個社會主流文化裡的小朋友的未來：**我希望鴻飛所出版的、比較不一樣的故事能讓他們體驗到：面向他人開放無關犧牲，不是痛苦也不是詛咒，而是一種幸福與快樂。**

這是我對接納我的法國社會所作的回饋。

不怕跌才能學會飛翔

作為出版人，我陪圖文作者為法國小讀者講一篇又一篇的故事。**現在我透過這一本書為華文讀者講述自己從臺灣到法國定居與創業的過程。其實，每個人都有屬於自己的故事，我的故事只是眾多故事裡其中一個。**我編書、寫書，最終還是希望能陪伴讀者編說一段屬於他自己的人生故事。

每一篇故事都會結束，我們每一個人也都會老死，離開這個世界。未來的地球能有多美好，完全取決於我們是否盡量利用在世的時間，為現在的社會幼苗提供思考與想像的活水，讓他們壯大。我相信文字與圖畫的功能絕對不止於灌輸給小孩現有的社會價值觀，而是要幫助他們培養想像與表達能力。一些我們不曾有的、未來世界的經驗，他們必須要學會創造新的語彙來表達與分享。唯有如此，他們才有辦法建構一個自己所需要的開放、公平與正義的社會。

建立一個這樣的社會，不能只依靠先進的科學與工程知識。當這些鋒利的工具落到一些缺乏人文關懷的領導者手上的時候，社會將會加速崩壞，陷入混亂。我看見許多人為了一己短暫的利益，以看似理性的說帖掩飾非理性的動機，也有些人深信自己做的事對社會有貢獻但實際上卻帶來負面的影響。我並不忽視理性和知識的重要性，但是人生要學的不只是這些。我為法國讀者講故事，也在夜深人靜的時刻，將四十多年來從書本與實際人生所學到的經驗與智慧，歸納為三個人生功課。

在漫長的成長路上，有一些人教給了我知識，另外有一些人幫助我領悟辦事和做人的道理，最後，有少數幾個人引領我修完了最重要的一門課程：欲求的藝術。

法國書店讀者見面會（地點：法國奧爾良市Librairie Nouvelle d'Orléans／攝影： Loïc Boyer 2014）

不同的人帶給我們不同的成長。不管是傳授給我們天文地理知識的、還是指點我們應對進退的智慧、在群體中實現自我、成全他人的人，都是我們的導師，都對我們有一份恩情。我見過不少學富五車、滿腹經綸的才子，沒有一丁點兒辦事能力，而且跩得不得了，動輒得罪人，這樣的人通常是不快樂的。另一方面，有很多人雖然沒有高深的學識，但是他們懂得將心比心、懂得堅持，懂得讓步，懂得在困境之中往前行，也不隨便生氣，這樣的人顯然活得比較快樂。然而，最令我動心懷念的，是那些幫我學習（或者說不要忘記）用一顆赤子之心去追逐並享用世間美好的人。

年輕的日子，我花了太多的時間在所謂的理想或夢想上面，並重述著一句漂亮的格言：「人生有夢，築夢踏實」。**其實人生不必那麼嚴肅，也不必那麼複雜。有多少人完成了理想與夢想，卻不快樂。但是要活得快樂並沒有那麼困難：認清楚什麼樣的歡樂是可及的，不要被虛榮或幻象誤導去奢求不可及的快樂。**在快樂存在的時候全心全意去快樂，當快樂結束的時候也不頹喪，永遠不失去「欲求」與「及時行樂」的動力，就好像第一次看見陽光下肥皂泡沫的小孩子，會跑著跳著笑著去追逐它。在知識和經驗於我都不缺的時候，我希望自己長長久久地享有這個小孩子的福份。

我們都有過童年，也走過青春年少，有過夢想，也有過失望。在西太平洋的婆娑小島上，曾經有個少年面對不可知的未來，使盡全身力氣也要闖出自己一片天。他全心相信前面一定有路的傻勁與氣概，現在想起來還是會感動自己。我大概比很多人都還要傻一些：眼裡有夢想，只顧著張開雙臂飛過去，等醒過來時發現自己躺在冰冷的人行道上。奇的是，夢想從來沒有離開我，而且夢想裡不再只有我一人。不管我搆不搆得到它，我很明白是它讓我帶著微笑起床，懷著感恩的心度過每一天。

轉眼間，我在法國已經度過半生，這個率真的個性並沒有多大更改，但是多了一個灑脫。我想起當年任教於高雄師大附中個性開朗的蕭淑娟老師：她在我離開家鄉前夕送我的吉祥物二十多年來一直都跟隨我，宛若一輪隨人歸的皎潔月光。

國家圖書館出版品預行編目資料

我在法國做圖畫書 / 葉俊良著.
-- 初版. -- 臺北市 : 玉山社, 2017.12
面 ; 公分. -- (星月書房)
ISBN 978-986-294-171-3(平裝)

1.編輯 2.繪本 3.出版業 4.法國

487.73 106017808

星月書房 64

我在法國做圖畫書

作　　者　葉俊良
發 行 人　魏淑貞
副總編輯　蔡明雲
責任編輯　吳欣穎
美術設計　林秦華
行銷企劃副理　侯欣妘
業務行政　林欣怡
法律顧問　魏千峰律師
出 版 者　玉山社出版事業股份有限公司
台北市仁愛路四段145號3樓之2
電話／02-27753736　傳真／02-27753776
郵撥／18599799 玉山社出版事業股份有限公司
電子信箱／tipi395@ms19.hinet.net　玉山社網址／www.tipi.com.tw

定　價　350元
初版一刷　2017年12月
初版二刷　2019年1月